Susanne Kreuer

Pferde verstehen

Mit Achtung und Respekt Vertrauen herstellen

Mit einem Vorwort von Bernd Hackl

Susanne Kreuer

PFERDE VERSTEHEN

Mit Achtung und Respekt Vertrauen herstellen

Mit einem Vorwort von Bernd Hackl

ibidem-Verlag
Stuttgart

Bibliografische Information der Deutschen Nationalbibliothek
Die Deutsche Nationalbibliothek verzeichnet diese Publikation in der Deutschen Nationalbibliografie; detaillierte bibliografische Daten sind im Internet über http://dnb.d-nb.de abrufbar.

Bibliographic information published by the Deutsche Nationalbibliothek
Die Deutsche Nationalbibliothek lists this publication in the Deutsche Nationalbibliografie; detailed bibliographic data are available in the Internet at http://dnb.d-nb.de.

Coverfoto: Rita Elter Fotografie, Bettina Bunne und Jarib

Foto Bernd Hackl: Rika Kreinberg
Foto Susanne Kreuer: Petra Lang, PeLa Fotografie
Alle Abdrucke mit freundlicher Genehmigung

Illustrationen von Susanne Kreuer

∞

Gedruckt auf alterungsbeständigem, säurefreien Papier
Printed on acid-free paper

ISBN-13: 978-3-8382-0455-0

© *ibidem*-Verlag
Stuttgart 2013

Widmung

Für das Pferd aller Pferde:
meinen Quarter Horse-Hengst

Fistful of Pepper,

der mir geduldig alles beibringt,
mich gnadenlos spiegelt und
mir dadurch immer wieder zeigt, wer ich bin.

„Ein Pferd! Ein Pferd! Mein Königreich für ein Pferd!"
(William Shakespeare - König Richard III)

Danke

„ Es ist ein lobenswerter Brauch,
Wer was Gutes bekommt,
Der bedankt sich auch. "
(Wilhelm Busch)

Bedanken möchte ich mich beginnend beim **ibidem** Verlag, weil bedingungslos an mein „kleines Pferdebüchlein" geglaubt wurde. Besonderen Dank spreche ich meiner Autorenbetreuerin *Valerie Lange* aus.

Mein Dank für sein Vorwort in diesem Buch gilt *Bernd Hackl*, dessen ausgezeichnete Arbeit mit Pferden und Menschen ich sehr bewundere.

Ich danke *Stephan Conzen*. Du bist meine Familie und die größte Stütze in meinem Leben.

Von Herzen bedanke ich mich bei meiner Freundin *Claudia Peters*.

Vielen Dank an alle, die mir bereitwillig ihre wunderschönen Fotos zum Abdruck zur Verfügung gestellt haben.

Den größten Dank schulde ich allen *Pferden*, die mich in meinem bisherigen Leben beeinflusst und geprägt haben. Sie sind und bleiben meine besten Lehrmeister.

"What I know about the horse
I learned from the horse. "
(Tom Dorrance)

Inhalt

Vorwort

Das 21. Jahrhundert hat uns fest im Griff, da Technik und Errungenschaften, die wir alle nicht missen möchten, unser Leben um so vieles leichter machen. Und doch ist es ein Zeitalter, in dem die Suche nach dem Sinn in allem immer mehr in den Vordergrund rückt. In unserer heutigen Gesellschaft finden Wissenschaftler täglich neue verblüffende Tatsachen heraus, die unser Leben revolutionieren. Trotzdem wird unser Alltag nicht langsamer, sondern immer schneller. Stress, Burn-out usw. sind Signale, die wir übergehen. Wichtig ist der Job, etwas aufbauen, möglichst bis zu dem Punkt, an dem wir ersetzbar sind, um das nächste Projekt aufzubauen. Familien gehen kaputt, Kinder vereinsamen vor dem Computer und dem Fernseher und, was noch viel schlimmer ist, wir entgleiten uns selbst.

Gut aussehen, viel unterwegs sein und möglichst viel Programm, um nicht nachdenken zu müssen darüber, wer oder was wir wirklich sind. Wir nehmen uns keine Zeit, uns selbst zu beobachten und zu lernen, dass wir sehr viel Zeit damit verbringen, Fehler, die in der Hektik geschehen, auszubessern. Das Profit-Denken, das Streben nach Vorteilen ist dafür verantwortlich, dass wir uns mittlerweile nicht mehr geben, wie wir wirklich sind, sondern meist eine Maske aufsetzen, die es uns ermöglicht, Ziele bei unseren Mitmenschen zu erreichen, die auf Täuschung beruhen und die wir uns dadurch erschleichen, nicht verdienen.

Diese Maske wird von Pferden sehr schnell durchschaut. Wer sich verstellt oder trickst, wird im Umgang mit Pferden sehr schnell seine Grenzen finden und in einen Spiegel blicken, den es nicht interessiert, ob es gefällt, was man darin sieht. Pferde leben im Hier und jetzt, es schert sie nicht, was gestern war, oder morgen sein wird.

So erhalten wir die Chance, jeden Tag aufs Neue an unserem Spiegelbild zu arbeiten, alles, was wir dazu beitragen müssen, ist, in uns zu horchen, wenn unser Pferd uns ENT-TÄUSCHT. Die Täuschung ist vorbei und das wahre Ergebnis unserer Arbeit wird sichtbar. Pferde zeigen uns, wo wir stehen, dass es nicht richtig ist, eine Erwartungshaltung den anderen gegenüber verwirklichen zu wollen, sondern dass wir vielmehr auf ein Geschenk warten müssen, das uns entgegengebracht wird.

Tiere reduzieren uns nicht auf unser rein äußerliches Verhalten, sondern sie fordern und fördern eine Veränderung, die sich in unserem Inneren vollzieht. Sie danken es uns mit Respekt und Vertrauen, das größte Geschenk, das wir uns verdienen können. So eröffnen Tiere uns Menschen eine Möglichkeit, mit uns selbst besser umgehen zu lernen, und somit eine Chance, im Leben voranzukommen, ohne ständig in Schwierigkeiten zu geraten. Sie ermöglichen uns, Respekt vor uns selbst zu erlangen und Vertrauen zu fassen in uns selbst, und zwar nicht irgendwann, sondern im Hier und Jetzt.

Alles Liebe
Bernd Hackl

Gunner Play (Kalle), Quarter Horse (4) & Lara - Joy Sebastian (5)
©Sarah Hansen

Einführung

Die Geschichte von Mensch und Pferd

„Vom Pferd lernen wir Menschlichkeit."
(Hans-Heinrich Isenbart)

Seit Jahrtausenden sind Menschen von Pferden fasziniert. Mit kaum einem anderen Tier verbindet uns eine derart seelenstarke und intensive Zusammenarbeit über die Jahrhunderte. So selten, wie diese Kooperation vonseiten des Pferdes freiwillig verlief, so sehr haben sich diese Tiere ihrem menschlichen Partner angepasst. Eine eindrucksvolle Leistung, wie diese schnellen, großen und starken Fluchttiere ihre Instinkte, ihre Körperkraft, ihre Sinne und ihre ausgeprägte Intuition dem Menschen zur Verfügung stellen – sind ihre biologischen Interessen ursprünglich doch völlig andere.

Obwohl der Mensch wirtschaftlich vom Pferd profitiert, haben diese großartigen Geschöpfe uns kulturell, mental und auch emotional geprägt. Im Laufe der gemeinsamen Geschichte haben viele Menschen erfahren dürfen, dass uns Pferde die Gelegenheit bieten, uns selbst besser zu verstehen. Hierfür ist entscheidend, dass wir uns in das Wesen des Pferdes einfühlen und nicht unsere eigenen unerfüllten Wunschträume übertragen. Erst wenn wir die Welt mit Pferdeaugen sehen, können wir mit ihm kommunizieren und interagieren. Gelingt es uns, Pferde in ihrer Grundkonstitution und ihrer Individualität zu erfassen und ihre Mitteilungen zu entschlüsseln, so können wir gemeinsam auf freundschaftlicher und nicht auf ausbeuterischer Basis zusammenwirken. Der Schlüssel zur erfolgreichen und partnerschaftlichen Zusammenarbeit liegt in uns selbst. Nur das nötige Wissen um die Natur des Pferdes und unser Einfühlungsvermögen befähigen uns, Missverständnisse in der Haltung und Aufzucht, im Umgang und in der Ausbildung zu vermeiden. In den weisen Worten von Mark Rashid:

„Die Pferde haben uns nicht darum gebeten, domestiziert zu werden. Wie können wir uns dann erdreisten, sie dafür verantwortlich zu machen, wenn die Dinge schlecht laufen? Wir müssen zunächst die Ursache finden, und dafür benötigen wir nichts weiter als einen Spiegel. "

Wer die Gelegenheit zu einem emphatischen und verständnisvollen Umgang nutzt, der sieht sich zwar mit sich selbst konfrontiert, erreicht aber auch mehr seelischen Tiefgang und ist um viele heilsame Erfahrungen reicher.

Pferde scheinen für den Menschen nahezu unergründlich zu bleiben – vielleicht macht gerade dies ihre Faszination aus. Sie können sich nicht nur körperlich den verschiedensten Umgebungen in der Welt anpassen, sie sind auch mental zu Höchstleistungen fähig. Dabei verlieren Menschen nur allzu häufig den Blick für ihre natürlichen Bedürfnisse. Neben Sozialkontakt, viel Bewegung, ausreichend Futter und artgerechter Haltung benötigen Pferde auch einen Umgang, der sich besonders durch den Respekt vor ihrer Natur auszeichnet. Trotz ihrer ausgezeichneten Anpassungsfähigkeit liegt es in unserem Verantwortungsbereich dem Pferd nicht abzuverlangen, dass es sich den menschlichen Forderungen und Rahmenbedingungen vollständig angleicht. Pferde, die aus menschlicher Bequemlichkeit oder versteckter Angst mehr als 20 Stunden in der Box gehalten werden, verkümmern seelisch und körperlich. Dabei sind auch Platzmangel, fehlendes Personal oder unangenehme Witterungsbedingungen keine angemessenen oder akzeptablen Argumente für

dieses Vorgehen. Auch Hengste, die nur allzu gern isoliert wegge-
sperrt werden, weil sie im Umgang als anspruchsvoller gelten, haben
dieselben Bedürfnisse wie Stuten und Wallache und damit auch
dieselben Rechte. Nicht selten fühlen sich selbst ernannte Pferdekenner in ihrer Grundannahme des „gefährlichen Hengstes" bestätigt, wenn dieser aufgrund von Vereinsamung „durchknallt". Es wird
übersehen, dass ihm keine andere Wahl bleibt.

Die psychischen und physischen Folgen für alle Pferde in „Einzel-
haft" sind unvorstellbar quälend. Farblich aufeinander abgestimmte
Bandagen, Decken und Halfter sowie modische und glitzernde Rei-
teraccessoires sind nicht geeignet, diese Missstände zu kompensieren. Sie erfüllen höchstens den Anspruch auf Eigeninszenierung und
Selbstdarstellung. Obwohl artgerechte Haltung mondänes Einkleiden
von Mensch und Tier nicht ausschließt, so verleitet es doch dazu, die
eigenen unerfüllten Wünsche auf das Pferd zu projizieren, wobei die
natürlichen Bedürfnisse schnell in den Hintergrund geraten. Da Pferde nicht lauthals schreiend auf sich und ihr Unglück aufmerksam
machen, scheint ja augenscheinlich alles in Ordnung zu sein. Warum
das Pferd aber dieses ärgerliche Problemverhalten zeigt, ist den Besitzern meist unbegreiflich. Zu leicht werden dem „auffälligen"
Pferd sodann schwerste Charakterschwächen unterstellt.

Durch fehlende Kenntnisse und mangelnde Erfahrung im Umgang
mit Pferden werden ungewollt viele Fehler gemacht. Häufig ist die
Realität nach dem Pferdekauf eine völlig andere als die Vorstellung
vorher. Die meisten Menschen machen sich nicht bewusst, aus welchen Motiven sie sich eigentlich so sehr die Nähe zum Pferd wünschen. Pferde lösen Emotionen bei uns Menschen aus. Wir fühlen
uns auf eine magische Weise zu ihnen hingezogen und sind von ihrer
Kraft, ihrer Schnelligkeit und der Wirkung ihrer Lebhaftigkeit beeindruckt. Entziehen sich diese Eigenschaften aber unserer Kontrol-

le, so lösen sie schnell Ohnmachtgefühle gegenüber dem deutlich stärkeren Tier aus. Auf Ohnmacht, als unangenehmes Gefühl, scheint Machtausübung eine willkommene Problemlösung. Dies ist ein schwerer Irrglaube. Das Pferd wird unser Verhalten spiegeln und uns unmissverständlich mit unseren Fehlern konfrontieren. Nicht wenige Pferde sind schon beim Metzger gelandet, weil sie die Ansprüche des Besitzers auf ein unterwürfiges und stets kontrollierbares Verhalten nicht erfüllten.

Wir sind angehalten, uns damit auseinanderzusetzen, was Pferde emotional in uns auslösen, besonders, wenn ihr Verhalten nicht unserer ursprünglichen Erwartungshaltung entspricht. Wir wünschen uns alle, wenn wir ehrlich sind, dass unser Pferd uns selbst am meisten liebt. Nur unter uns kann es bestimmte Lektionen gehen, und anderen macht es das Reiten viel schwerer. Den naiven Anspruch, dass Pferde unsere tiefsten Sehnsüchte erfüllen sollen, müssen wir im Umgang mit ihnen ablegen. Dieser Aufgabe können sie nicht gerecht werden. Eine Vermenschlichung, weil wir emotionale Geborgenheit suchen, stellt eine große Gefahr dar, die schwer enttäuscht werden wird.

Pferde denken, fühlen, kommunizieren und handeln anders als Menschen. Es ist unsere Aufgabe ihre Instinkte und Bedürfnisse wahrzunehmen. Lassen wir uns auf diese Reise ein, so werden wir mit einer vertrauensvollen Partnerschaft belohnt, die unser Leben nur bereichern kann. Pferde sind beziehungsfähig, sensibel und haben die wundervolle Eigenschaft, uns den Kontakt zu uns selbst zu erleichtern. Sie lehren uns Gleichgewicht und vermitteln durch ihre Bewegungen ein einzigartiges Gefühl von Einklang und Ausgeglichenheit. Sie sind mehr als Höchstpreis erzielende Zuchtresultate, sie berühren unsere Seele und unser Herz.

Ich möchte den Leser mit diesem Buch einladen, sich in die Sichtweise des Pferdes zu versetzen. Gehen wir dem Versuch nach, die Welt mit seinen Augen wahrzunehmen, so können wir lernen, es besser zu verstehen und im Umgang mit ihm und von ihm lernen. Sie werden erleben, dass dieser Perspektivenwechsel lohnend ist. Viele werden diesen Weg intuitiv schon gehen und wissen, dass sie sowohl persönlich daran wachsen als sich auch nachhaltiger am Zusammensein mit ihrem Partner Pferd erfreuen.

AH Skipper Tag (20) QH-Wallach & Britta
©Britta Stechele

Prairie Almondo und Boa (Vollblüter), Michael Geitner & www.be-strict.de
©Ulrike Riedesser & www.zieglerhof.com

Appaloosa & Paint Horse, Annette Jäger & www.ttz-design.de
©Renate Körber

1
Instinkte und (Sozial-)Verhalten

„Nichts wendet sich zum Guten, wenn es nicht natürlich ist."

(Friedrich Schiller)

Jeder Umgang mit dem Pferd setzt voraus, dass wir uns mit seiner Natur auseinandersetzen. Bedingung für einen gemeinschaftlichen Umgang müssen Kenntnisse über die Instinkte des Pferdes sein. Interpretieren wir sein Verhalten auf einer menschlichen Grundlage und übertragen wir unsere eigenen Verhaltens- und Kommunikationsweisen auf unser Pferd, so wird es uns zwangsläufig missverstehen. Fehldeutungen führen in der Folge zu Vertrauensverlust dem Menschen gegenüber. Lernen wir die Kommunikation der Pferde zu verstehen und nehmen seine Bedürfnisse wahr, ist das Pferd gerne beim Menschen und folgt ihm willig.

Das Ziel im Umgang mit dem Pferd muss eine Beziehungsarbeit sein, die es uns ermöglicht, eine echte Partnerschaft aufzubauen. Hierfür kann nur das Verständnis für die Natur des Pferdes und die reflektierende Arbeit an uns selbst der Weg zu einem harmonischen Miteinander sein. Erfolg hat in der Arbeit mit Pferden, wer für sich und sein Pferd einen Ort der Geborgenheit und Sicherheit schafft. Hierfür müssen wir uns als zuverlässiger Partner etablieren und klare Grenzen schaffen, innerhalb derer die natürlichen Instinkte des Pferdes Berücksichtigung finden.

Fluchtreaktion als instinktives Verhalten

Da Mensch und Pferd unterschiedlichen Gattungen angehören, stellt der Anspruch des gegenseitigen Verstehens eine Herausforderung dar. Während das Beutetier Pferd durch ständige Fluchtbereitschaft sein Überleben sichert, ist das „Raubtier" Mensch in einer Zwangslage zur Gegenwehr bereit. Geraten wir in einer Situation unter Druck oder erleben wir einen starken Widerstand, so sieht es unsere Natur vor, dass wir uns der Auseinandersetzung stellen – notfalls auch mit Gewalt. Pferde haben hingegen die natürliche Neigung, vor einem etwaigen Kampf tendenziell zu flüchten. Im Laufe ihrer Evolution haben sie gelernt, vor Feinden zu fliehen, um nicht von ihnen gefressen zu werden. Durch ständige Fluchtbereitschaft sicherten sie sich ihr Überleben. Diesem Instinkt folgen auch unsere domestizierten Pferde. Wer dem Pferd diesen Überlebensmechanismus auszutreiben versucht, um es gefügiger zu machen, wird zwangsläufig scheitern.

Seit Jahrmillionen beobachten und belauschen Pferde ihre Umgebung sehr aufmerksam – und das aus guten Gründen. Jeder, der mit Pferden umgeht, weiß, wie schreckhaft sie sein können. Aus scheinbar unerklärlichen Gründen kann ein Rascheln im Gebüsch sie ängstlich zur Seite springen lassen. Was auf den ersten Blick wie Furcht und Unsicherheit aussieht, ist tatsächlich in der Steppe überlebensnotwendig. Ständige Bereitschaft zu fliehen ist also Instinktprogramm und dahinter steckt keine böse Absicht dem Menschen gegenüber. Pferde sind sich aus Überlebensgründen ihrer Umgebung immer voll bewusst. Ansonsten könnten Löwen oder Wölfe mit Leichtigkeit Überraschungsangriffe starten.

Hat das Pferd eine mögliche Gefahrenquelle erblickt, konzentriert es sich zwar auf diese, aber nie ohne die Restumgebung außer Acht zu lassen. Während diese Fähigkeit für Pferde äußerst wichtig ist, bewerten Menschen untereinander dieses Verhalten als unkonzentriert oder geistesabwesend. Wir werden schon als Kinder darauf trainiert (spätestens in der Schule), unsere ganze Aufmerksamkeit einer Sache zu widmen und uns nicht ständig von außen ablenken zu lassen. Für Pferde ist diese scheinbare Unaufmerksamkeit aber von existenzieller Bedeutung. Vor diesem Hintergrund sollte, wer mit Pferden umgehen will, dieses Verhaltensmuster als natürlichen Wesenszug akzeptieren. Ein scheuendes Pferd anzubrüllen oder zu bestrafen, weil es seinem naturgegebenen Instinkt folgt, ist wenig sinnig. Vielmehr hat dies zur Folge, dass sich unser eigener Adrenalinspiegel stark erhöht und sich unsere Unruhe auf unser Pferd überträgt. Reagieren wir auf Furcht mit Angriff ihm gegenüber, verschärft sich die Situation nur. Deeskalierend wirken hingegen das Verständnis für die Angstreaktion des Pferdes und der eigene entspannte Umgang damit. Das ist leichter vorgenommen als umgesetzt. Unser Adrenalinspiegel sollte dennoch schnellstmöglich wieder verringert werden. Hierbei ist es wichtig, dass wir unseren Körper kontrollieren und dem Partner Pferd durch unsere Ruhe zu verstehen geben, dass alles in bester Ordnung ist und es keinen Grund zur Flucht gibt. Das Pferd wird sich aufgrund seines Herdenverhaltens an uns orientieren. Zudem wird es lernen, dass wir als Autorität die richtige Entscheidung getroffen haben und uns zukünftig mehr Vertrauen entgegenbringen.

Nehmen wir aber unserem Pferd bei Gefahr seine instinktive Fluchtreaktion, so kann es sich in letzter Konsequenz nur noch durch Schlagen und Beißen wehren. Meist ist es das menschliche Unverständnis, das ein Pferd aggressiv werden lässt.

Wir müssen uns immer wieder verdeutlichen, dass unsere Pferde uns spiegeln. Üben wir starken Zwang und Druck aus, indem wir sie buchstäblich in die Ecke drängen, so haben sie keine andere Möglichkeit als auf Überlebenskampf zu schalten. Das ist ihr letzter Ausweg. Auch in der Wildnis verteidigen sich Pferde nur, wenn sie sich stark bedrängt fühlen. Treiben wir sie in die Enge und nehmen ihnen die Fluchtmöglichkeit, bedrohen wir also aus Pferdesicht ihr Überleben.

Lauftier und das Prinzip des Gegendrucks

In der Natur des Pferdes liegt seine ausgeprägte Fähigkeit besonders stark, schnell und beweglich zu sein. Auf der Flucht können sie eine Spitzengeschwindigkeit von fünfzig Kilometern in der Stunde erreichen, wobei sie dieses Tempo auch eine beträchtliche Zeitspanne aufrechterhalten können, um ihre Feinde zu ermüden.

Lucky on the socks, QH-Wallach (21)
©Ralf Krupski & www.horse-paradise.com

Aus dem ehemaligen Mehrzeher hat sich ein Huftier entwickelt, um sich den Fressfeinden gegenüber einen Geschwindigkeitsvorteil zu verschaffen. Im Laufe ihrer Evolution haben Pferde längere Beine und ein größeres Lungenvolumen entwickelt. Die gesamte Körperkonstitution ist auf Tempobeschleunigung ausgerichtet. Die langen Beine, der kompakte und kurze Körper sowie die ausgeprägten Muskelpartien an Hinterhand, Schulter und Hals weisen schon beim Neugeborenen auf ein Lauftier hin. Fohlen sind schon frühzeitig fluchtbereit. Das Herz-Kreislaufsystem aller Pferde befähigt sie sowohl zu schnellen Starts als auch zu beeindruckenden Dauerleistungen. Herz und Lunge liegen unter den Rippen im Brustkorb. Hierdurch ist die nötige Beweglichkeit ermöglicht, während gleichzeitig alle lebenswichtigen Organe geschützt sind. Ihre starke Hinterhand befähigt sie zu ihrer Schnelligkeit und zu einem Optimum an Vorwärtsschub. Zwischen Brustkorb und Skelettapparat liegen die Flanken. Da diese aus Gründen der Effektivität und Beweglichkeit nur mit einer dünnen Hautschicht versehen sind, gehören sie zu den verletzlichen Stellen des Pferdekörpers. Die Natur hat diese Bereiche mit einem dichten Netz sehr empfindlicher Nerven versehen. Jeder Druck, der auf diese anfälligen Stellen ausgeübt wird, wird vom Pferd mit Gegendruck erwidert. Instinktiv lehnen sich Pferde in jeden Druck hinein. Dieser Reflex ist tief in ihrer Natur verwurzelt. Wer ein untrainiertes Pferd in die rechte Flanke kneift, wird feststellen, dass es ebenfalls nach rechts drückt. Es beantwortet den ausgeübten Druck mit Gegendruck. Wir Menschen, als Fleischfresser und Raubtiere, reagieren bei Druck und Schmerz mit Abwehr und Weichen. Verletzen wir uns, so schrecken wir zurück und überdenken die unseren Körper gefährdenden Handlungen zukünftig zweimal oder vermeiden sie sogar. Indessen haben Pferde in ihrer Entwicklung aus Selbstschutz den Gegendruck-Reflex erlernt.

Da die ersten Pferde sehr klein und von einer Schar fleischfressender Raubvögel bedroht waren, reagieren auch unsere domestizierten Pferde heute noch oft mit Furcht vor Objekten über ihrem Kopf. Die

Hauptpferdefleischjäger sind allerdings große Hunde und Katzen. Greifen Feinde das Pferd an, so geschieht dies vorweg an den empfindsamen Stellen zwischen Rumpf und Hinterhand. Nach dem Evolutionsprinzip, also der natürlichen Auslese, haben die Pferde überlebt, die gegen den Druck standhielten, während die Pferde, die bei einem Biss vor einem Feind davonliefen, starben. Hatte ein Wolf oder Löwe zugebissen und das Pferd riss sich los und floh, wobei es seine Verletzungen nur noch verschlimmerte, so musste das Raubtier nur ruhig abwarten, bis das verletzte Beutetier Pferd starb. Eine deutlich größere Überlebenschance hatten dagegen die Pferde, die sich dem beißenden Feind mit ihrem Körpergewicht entgegen warfen und nach ihm schlugen.

Im Umgang mit Pferden und in ihrer Ausbildung bringen wir ihnen dennoch erfolgreich das Weichen vor Druck bei, z. B. lernen Pferde vor dem Druck des Reiterschenkels zu weichen. Zu Anfang ihrer Ausbildung gehen sie aber intuitiv erst einmal gegen den Druck. Wollen wir also mit unseren Pferden arbeiten, so müssen wir ihren natürlichen Instinkt des Gegendrucks verinnerlichen und entsprechend handeln.

Herde und Hierarchie

Als Herdentiere brauchen Pferde unbedingt ihre Artgenossen. In Pferdegruppen herrscht eine klar festgelegte Rangordnung, die ihnen Sicherheit und Geborgenheit bietet. Die Alphastute führt die Herde an und ist für die soziale Hierarchie der Gruppe zuständig. Sie stellt die Regeln auf, entscheidet über die Wanderwege, Nahrungsaufnahme und die Bestrafung der Halbstarken der Gruppe. Sie ist Entscheidungsträgerin und Familienoberhaupt.

Der Zuständigkeitsbereich des Leithengstes besteht in der Fortpflanzung und der Verteidigung der Herde vor bedrohlichen Außeneinflüssen bzw. Angreifern. Die heranwachsenden Hengste werden im geschlechtsreifen Alter aus der Herde verstoßen und bilden mit anderen Stuten eine eigene Herde oder schließen sich in Junggesellenverbänden zusammen. Als reine Hengstgruppen besteht zwischen Letzteren eine weniger intensive Verbindung als zwischen den Mitgliedern einer Familiengruppe. Auch die Statusverhältnisse sind geringer ausgebildet. Der Zweckverband hat primär den Nutzen, gemeinsam Feinde abzuwehren. Alle Junghengste haben das Interesse, eine eigene Herde mit Stuten zu bilden oder eine bereits bestehende zu übernehmen. Die Hengste lernen im Laufe ihres Zusammenseins voneinander und sind später umso erfolgreicher, einen Harem zu halten, haben sie ihr Sozialverhalten ausgiebig ausbilden und üben können.

Ein einzelnes Pferd hat in der Natur keine Überlebenschance. Als Herdentiere passen alle aufeinander auf und betreiben klare Aufgabenteilung. Während das eine Pferd wacht, können die übrigen Tiere fressen oder schlafen. Bei potenzieller Gefahr laufen Pferdeherden synchron in eine Richtung. Angeführt wird der Verband von der Leitstute, während der Hengst die Gruppe von der hintersten Position aus schützt. Da jedes Mitglied seinen Rang kennt, können alle – ohne sich selbst oder andere zu gefährden – eng zusammenlaufen und dabei auch problemlos einen Richtungswechsel vollziehen oder an Tempo gewinnen. Diese Strategie macht es für Raubtiere schwieriger sie anzugreifen.

Zudem befriedigt der Herdenverband das ausgeprägte Bedürfnis nach sozialer Kommunikation aller Pferde. Die Hierarchie vermittelt jedem Mitglied in der Gemeinschaft Sicherheit und Geborgenheit, und die Pferde kennen sich als Individuen mit ihrem jeweiligem Rang und ihren Eigenschaften untereinander. Hierarchische Systeme sichern das Überleben aller innerhalb der Gruppe, wobei die Statusbeziehungen die Zugriffsrechte der einzelnen Tiere auf die vorhandenen Ressourcen (z. B. Futter) regeln. Dieses Vorgehen vermindert unnötige körperliche Anstrengung und das Verletzungsrisiko sinkt.

Paint Horse-Herde
©Dirk Steilen & www.painted-dreams.de

Von Natur aus sind Pferde also sowohl friedfertige als auch äußerst gesellige Tiere. Innerhalb ihrer Herde gehen sie feste und dauerhafte Beziehungen ein. Sie lernen in ihren Familien voneinander und kommunizieren untereinander. Ihre Wahrnehmung ist sehr gut ausgebildet, sodass sie aufgrund kleinster Veränderungen der Körpersprache ihrer Artgenossen Situationen einschätzen können und entsprechend handeln. Bei einer potenziellen Bedrohungslage fliehen sie. Bei dieser Flucht sind sie sich der Macht der Gruppe immer bewusst und achten darauf, dass die Familie nicht voneinander getrennt wird. Pferde überleben seit Millionen von Jahren in der Wildnis hauptsächlich aufgrund ihrer stark ausgeprägten sozialen Rangordnung.

Für jede Herdenstruktur ist die Führung von notwendiger – also Not (ab)wendender – Bedeutung. Jedes Individuum Pferd hat sowohl seinen Platz als auch seine Aufgaben innerhalb der Gruppe, wobei eine Rangordnung erst einmal installiert werden muss, bevor sie funktioniert und das Überleben Aller sichert. Hierfür werden mitunter heftige Rangordnungskämpfe ausgefochten. Ist die Rangfolge entschieden, passen auch Pferde, die sich gegenseitig wenig mögen, aufeinander auf. Immerhin ist das Überleben der gesamten Herde von der einwandfreien Kooperation aller Familienmitglieder abhängig.

Da auch Pferde Individualisten sind, entwickeln sich zwischen einzelnen Familienmitgliedern auch enge und lebenslange Freundschaften. Die Individualdistanz zwischen zwei Freunden existiert kaum mehr. Besonders an der gegenseitigen Körperpflege ist dies deutlich ersichtlich. Bevorzugt binden sich Pferde an gleichgeschlechtliche Partner. Neben intensiven Zweierfreundschaften bilden sie aber auch viele abgestufte Beziehungsvariationen mit den einzelnen Herdenmitgliedern. Jeder, der mit Pferden umgeht, weiß, wie stabil Pferdefreundschaften sein können. Auch unsere domestizierten Pferde gehen enge Bindungen ein. Da hier der Mensch die Gruppen künstlich zusammenstellt, managt und verändert, entstehen häufig Probleme. Damit es im Leben unserer Pferde nicht immer wieder zu Entfremdung, Trennungsverlust und Brüchen kommt, sollten wir sensibel, einfühlend und mit Beobachtungsgeschick in unserer Gruppenplanung vorgehen. Wir müssen uns verdeutlichen, wie wichtig die soziale Struktur in der Herde für das Wohlbefinden unserer Pferde ist.

Zu aggressiven Auseinandersetzungen kommt es vermehrt dadurch, dass synthetisch angelegte Lebensraumbedingungen mehr Stress und

Spannungen auslösen können. Den Ausgang der Auseinandersetzungen bestimmen neben der Rangordnung und dem Intensitätsgrad des Konfliktes auch Alter, Körpergröße und die Sozialfähigkeit der einzelnen Pferde. Territorium und Nahrung sind hart umkämpfte Ressourcen, die das Überleben sichern. Strukturieren Menschen den Tagesverlauf der Tiere durch täglichen Weidegang und regelmäßige Fütterung, liegt es auch in ihrem Verantwortungsbereich, das Konfliktpotenzial so gering wie möglich zu halten. Die Relation von Raum, Anzahl der Tiere und Sozialkompetenzgrenze sollte Berücksichtigung finden. Auch sollten immer ausreichend Fressplätze zur Verfügung stehen, die geeignet sind, nach vorne verlassen zu werden, damit Drängler keinen Streit auslösen. Pferde sind zwar grundsätzlich nicht territorial, verteidigen aber ihren Individualbedarf an Raum, wenn das Angebot an Nahrung und Schutzplätzen knapp ist. Dies geschieht häufiger in menschlicher Haltung als in der Natur.

Besonders in der Boxenhaltung entwickeln Pferde mitunter ausgeprägtes Territorialverhalten. Da ihr Bedarf an Raum und Platz nicht gedeckt ist und eine Flucht unmöglich, verteidigen sie ihr Revier gegenüber Vier- und Zweibeiner. Aber nicht nur einzelne Pferde verteidigen ihr Hab und Gut, auch Pferdegruppen auf begrenzten Koppeln schränken hin und wieder Besucher in ihren Rechten ein. Die Aussicht, weiterzuziehen und ein neues Gebiet zu erkunden, ist nicht gegeben. So müssen sie vor Eindringlingen schützen, was sie haben. Sind Pferde psychisch und physisch ausgeglichen, erlauben sie auch enge Annäherungen von Herdenmitgliedern oder Menschen.

Im Laufe ihrer evolutionären Entwicklung haben Pferde ein strukturiertes Sozialsystem konstruiert, das es ihnen ermöglicht, als soziale Wesen miteinander zu kommunizieren. Aus Gründen der Ressourcenkonkurrenz zeigen sie untereinander sowohl Dominanz- als auch

Unterwerfungsgesten. Auf diese Weise können Konflikte in der Natur um Nahrung, Abwehr von Feinden und Fortpflanzung auf das Nötigste reduziert werden. Der Vorteil eines derartigen hierarchischen Verfahrens ist die Regelung der Zugriffsrechte jedes einzelnen Mitglieds und die Konzentration auf das Überleben der gesamten Gemeinschaft.

Bei vielen Menschen kann mit der Idee einer Hierarchie schnell der Eindruck entstehen, dass besonders die ranghöchste Position erstrebenswertes Ziel sein muss. Wir verbinden mit Macht auch automatisch Geld, Einfluss und Kontrolle, wobei das nötige Maß der Verantwortungsübernahme allzu gern verdrängt wird. Für Pferde ist aber die Leitungsposition kein Selbstzweck.

Vielmehr unterliegt der Statuserhalt naturgegebenen Gesetzmäßigkeiten. Die Aufgabe der Leitstute liegt nicht in der permanent aggressiven Verteidigung von Futter oder dem ausübenden Zwang auf die anderen, ihr folgen zu müssen. Im täglichen Zusammenleben wird deutlich sorgsamer und subtiler agiert und kommuniziert. Susanne E. Schwaiger drückt es trefflich aus:

„Von Pferden, vor allem von Leitstuten, können wir Menschen lernen, dass Führen in erster Linie Dienen bedeutet."

Weder dominantes Verhalten noch Demutsgesten sind angeboren. Sie haben sich im Laufe des sozialen Kontaktes der Pferde untereinander entwickelt. Stuten und Hengste unterscheiden sich in ihren Bedürfnissen und Interessenslagen und damit auch in ihrem Verhalten. Während Stuten im Jahr nur ein Fohlen bekommen können, gehen Hengste ihrem Anliegen nach, so viele Nachkommen zu zeugen, wie ihre Herde Stuten hat. Andere Hengste als Konkurrenten, die den Harem übernehmen wollen, gilt es hier zu verjagen.

Das Hauptanliegen der Stute liegt jeweils in der Auswahl des optimalen Vaters für ihr Fohlen, dessen Gene das Überleben des Nachwuchses bestmöglich sichern. Neben den körperlichen Voraussetzungen wie Schnelligkeit und Kraft zählen auch psychische Eignungen wie Sozialkompetenz und Kommunikationsfähigkeit als Auswahlkriterien. Die Konkurrenzverhältnisse unter Stuten sind also anders gelagert als die unter Hengsten.

Über Imponiergehabe, Aggression, Besänftigung und Demutsgesten begründen Pferde ihre Statusbeziehungen. Sie wägen aber die Massivität ihres Verhaltens sehr genau ab. Im Sinne des Kräftesparens wird versucht, mit wenig Aufwand viel zu erreichen. Erst wenn ein Konfliktpartner auf einfaches und dezentes Drohen nicht unterwürfig reagiert, folgt eine stufenweise Steigerung bis hin zur offensiven Aggression. Das rangniedere Tier erkennt den höheren Status des anderen Pferdes durch weichendes Verhalten an. Je einfacher und schlichter ein ranghöheres Pferd seinen Status deutlich macht, je dezenter fällt auch die Reaktion des rangniederen Tieres aus. Ist hingegen die Rangfolge zweier Herdenmitglieder bislang ungeklärt, fallen Rangkämpfe entsprechend ausgeprägter und nachdrücklicher aus.

Umso etablierter die Hierarchie in einer Herde ist, desto entspannter interagieren die Pferde miteinander. Angreifendes und provokantes Verhalten findet meist nur in sich ständig verändernden Gruppenstrukturen statt. Hingegen ermöglicht die geklärte Ressourcenverteilung ein friedliches Zusammenleben. Bei einem Ressourcenüberschuss zeigen Pferde kaum den eigenen Rang verteidigendes Verhalten. Viel lieber sparen sie ihre Kräfte und teilen sogar. Ermöglicht ein großes Gebiet ausreichend Raum für die Individualdistanz und weist genügend Futter und Sozialpartner auf, existieren keine Motive, Zugriffsrechte über Konflikte auszutragen. Bei Platzmangel und fehlender Weidefläche reagieren Pferde dagegen gestresst und zeigen vermehrt aggressives Territorialverhalten. Ranghöhere Tiere haben gegenüber den rangniederen mehr Rechte beim Zugang zu Ressourcen. Zudem regeln die in der Ordnung höher stehenden Pferde das soziale Miteinander und die Interaktionen. Sie initiieren auch die Flucht oder den Angriff auf Feinde. Die Führungsrolle kennzeichnendes Verhalten kann subtil durch einfache aber distanzlose Zuwendung oder durch direktes Imponiergehabe erfolgen. Im letzteren Fall wird die Individualdistanz deutlich unterschritten. Beim Rang aufzeigendem Imponieren muss es sich nicht zwangsläufig um exzessives oder lautstarkes Verhalten handeln. Häufig läuft dieser Vorgang sehr subtil und für die ungeschulte menschliche Wahrnehmung unbemerkt ab. Sind die Signale auch fein, für Pferde untereinander sind sie unmissverständlich und deutlich.

Soziales Miteinander zwischen Pferd und Mensch

Es ist ein Irrglaube, dass nur der Herdenchef offensiv und aggressiv agiert. Im Zuge dieses Missverständnisses glauben viele Menschen, sie müssten ihrem Pferd entsprechend herrisch und züchtigend gegenübertreten. Damit sie als Herdenchefs anerkannt werden, agieren sie harsch und mit körperlichen Strafen. Vor dem Hintergrund, dass zwischen Mensch und Pferd weder Futterneid noch Kampf um andere Ressourcen herrschen, erübrigt sich diese dominante und veraltete Herangehensweise. Wir müssen uns immer wieder klarmachen, dass es keine Konkurrenz zwischen uns und unseren Pferden gibt. Auch der Sozialkontakt zwischen Mensch und Pferd verläuft anders als zwischen Pferden untereinander. Körperliche Demütigung zerstört das Vertrauensverhältnis und wird vom Pferd zwangsläufig als aggressiver Akt gegen seine Unversehrtheit gewertet. In der Natur zwingen ranghöhere Tiere den rangniedrigeren auch keine Verhaltensweisen auf. Vielmehr entscheidet die Leitstute beispielsweise über die Wanderwege, und die anderen folgen ihr auf freiwilliger Basis. Auf diese Weise ist ihre Sättigungs- und Überlebenschance deutlich größer, als wenn sie alleine durch die Steppe ziehen.

Gehorsam hat also wenig mit Status gemein. Unterwürfiges Verhalten zeigt nur an, dass das Pferd den Status des anderen akzeptiert und keinerlei Konfliktpotenzial besteht. Es möchte durch sein Verhalten zur Entspannung der Situation beitragen.

Für den Umgang mit Pferden heißt das, dass es vornehmlich um die Herstellung eines partnerschaftlichen Verhältnisses gehen muss. Aus freiem Willen nimmt das Pferd unsere Aufforderungen und Ermunterungen entgegen, um ein gemeinsames Ziel zu erreichen. Pferde brauchen und fordern neben einer freundlichen Umgebung und einer positiven Grundeinstellung ihnen gegenüber auch klar strukturierte und widerspruchsfreie Botschaften bzw. Anweisungen. Dies liegt in ihrer Natur. Ansonsten sind ein Beziehungs- und Leistungswachstum nicht möglich. Hektische und unkontrollierte Handlungen lösen beim Pferd sog. unerwünschtes Problemverhalten aus. Hiermit drücken Pferde ihre Unsicherheit, ihre Beziehungsunklarheit zum Menschen und damit auch ihre Uneinschätzbarkeit bezüglich ihres Ranges innerhalb der Gruppe aus. Beide Extreme – sowohl zu starke Dominanz und das Zufügen von Schmerzen als auch mangelnde Führung – stören und hemmen die Beziehung zum Menschen. Wollen wir auf einer partnerschaftlichen Grundlage mit Pferden zusammenleben, müssen wir klare und faire Regeln aufstellen und uns auch in der Konsequenz daran halten. Erwünschtes Verhalten sollten wir belohnen und unerwünschtes bzw. gefährdendes Verhalten ahnden oder ignorieren (siehe Kapitel 6). Die Wahl der Mittel sollte immer fair und für das Pferd kalkulierbar bleiben.

Häufig schätzen Pferdebesitzer das Verhalten ihres Pferdes auf eine Anordnung hin falsch ein. Befolgt unser Pferd ein Kommando, ist dies meist ein gelerntes Verhalten und weniger eine Unterwerfungsgeste. Würde jede Kommandoausführung des Pferdes ein Demutsbekunden darstellen, so müssten wir doch ernsthaft am zufriedenen Dasein unseres Pferdes zweifeln. Der Anspruch des dominanten „Alphatieres" vor dem sich fügenden Pferd ist veraltet und stammt aus Zeiten, in denen man vornehmlich das Aggressionsverhalten von Herdenverbänden studierte und analysierte. Ein Pferd, das in Anwesenheit seines Reiters in permanenter Demutshaltung agiert, würde durchgängig Weichen und die Individualdistanz konsequent wahren. In diesem Fall ist ein echter und natürlicher Kontakt nicht möglich – weder beim Reiten noch im täglichen Umgang miteinander.

So wenig also der totalitäre Diktator weiterkommt, so wenig Erfolge wird auch der lapidare Reformpädagoge unter den Pferdebesitzern erzielen können. Jede Überzeugung und Handlung, die in ein Extrem verfällt, sollte kritisch hinterfragt werden. Dieser Grundsatz trifft nicht nur auf politische Diskussionen oder auf Kindererziehungsfragen zu, sondern auch auf den Umgang mit dem Partner Pferd. Den allgewaltigen Herrscher über Gut und Böse gibt es in einer Pferdeherde auf diese Weise nämlich nicht. Entsprechend kann unserem Pferd das Verständnis für derartiges Verhalten seitens seines Menschen nur fehlen.

Zwang als vornehmliches Mittel zur Verhaltensabänderung kann natürlich kurzfristige Effekte zeigen, aber langfristiges Lernen bleibt hier aus. Die Vertrauensbasis wird schwer geschädigt, und die Chance zu einer echten Beziehung ist vergeben. Darüber hinaus besteht eine sehr große Gefahr, dass der Mensch den körperlich ausgetragenen Konflikt gegen sechshundert Kilogramm Pferd verliert.

Wer sich seinem Pferd hingegen freundlich, ermutigend, konsequent und gerecht in seinen Entscheidungen präsentiert, wird mit einer willigen und verständnisvollen Zusammenarbeit belohnt. Es geht also weniger um eine befehlshaberische Alleinherrschaft als darum, eine achtungsvolle Autorität zu verkörpern. Per Definition ist eine Autorität eine Respektsperson, nach deren Handeln und Denken sich andere bereitwillig richten, da sie sich durch Entschlusskraft, und Kompetenz auszeichnet. Sie ist ein Würdenträger mit bedeutenden fachlichen Fähigkeiten und einem hohen Ansehen. In diesem Sinne sollten wir das Miteinander mit unserem Pferd und Erfolge sowie Misserfolge in seinem Leben achtsam steuern.

Pferde orientieren sich naturgegeben an dem Leittier ihrer Gruppe. Gelingt es uns in der Beziehungsarbeit mit unserem Pferd uns diese Rolle zu *verdienen*, so wird es in uns einen vertrauenswürdigen „Anführer" sehen. Wir profitieren in der weiteren Zusammenarbeit von seiner angeborenen Verhaltenstendenz, sich auf die Weisungen des Leittieres zu verlassen. Obwohl in seinem instinktiven Verhaltensrepertoire nicht vorgesehen, gelingt es Pferden – angesichts dieses Vertrauens in den Menschen – ihre Fluchttendenzen deutlich zu verringern. Dies setzt einen langen und gemeinsamen Weg voraus, der besonders durch beiderseitige Achtung und gegenseitigen Respekt gekennzeichnet ist. Verletzen wir aber die Würde des Pferdes, so wird es blitzschnell in sein Instinktverhalten zurückfallen.

Als denkende und fühlende Menschen entscheiden wir selbst, welche Beziehungsform wir mit unserem Pferd wählen. Wir haben die Wahl zwischen einem Raubtier, das dem Pferd durch Erniedrigung bestimmtes Verhalten aufzwingt, oder einer Vertrauensperson, dem sich das Pferd freiwillig anvertraut. Beide Variationen sind sowohl bei Turnieren jeder Reitweise als auch in Reitställen bei der Freizeitreiterei mühelos beobachtbar. Wer die mentale der körperlichen Stärke vorzieht, gewinnt Vertrauen und Zuneigung des Pferdes. In der Natur sind weder die Leitstute noch der Leithengst zwangsläufig die größten und stärksten Tiere der Herde. Sie zeichnen sich vielmehr durch ihre Persönlichkeit, ihre Verantwortungsbereitschaft und durch die Klarheit ihrer Körpersprache aus. Führungsrollen haben besonders die Tiere inne, die ein sicheres Auftreten und Entschlusskraft in ihrer Kommunikation haben. Gemäß diesem natürlichen Gesetz reagieren Pferde dem Menschen gegenüber auch vielmehr auf innere Größe.

Der Umgang mit Pferden ist geprägt von beidseitigen Entscheidungen und fairen Vereinbarungen. Aus Pferdesicht müssen unsere Verhaltensweisen ihm gegenüber in den Kontext des Geschehens passen. Wir müssen unseren Pferden erst einmal die Chance einräumen zu begreifen, worum es im sozialen Miteinander eigentlich geht. Sie müssen die Möglichkeit bekommen, ihre individuellen Strategien und deren Erfolge auszuprobieren. Scheitert ein Pferd mit seinem Vorhaben immer wieder konsequent am Unverständnis des Menschen, so wird es in der Folge stark unter Stress geraten und auffälliges Verhalten und chronische Hilflosigkeit entwickeln. Gelangt es aufgrund seiner Erfahrungswerte zu der Überzeugung, dass keine seiner Verhaltensstrategien im Umgang mit dem Menschen dem sozialen Miteinander dienlich sind, so erlebt es eine massive Bedrohung, die in der Natur den Tod zu Folge hat.

Menschen und Pferde unterscheiden sich in ihrem natürlichen instinktiven Verhalten grundlegend. Dies erschwert es uns manchmal, die Reaktionen unseres Pferdes vorherzusehen, geschweige denn nachzuvollziehen. Da wir Menschen nicht als Fluchttiere konzipiert sind, ist es für uns häufig unbegreiflich, in welcher Not sich Pferde befinden, werden sie aus dem Gleichgewicht gebracht oder nehmen mit ihren Sinnen etwas für sie Unerklärliches wahr. Während wir uns rational mit Rätselhaftem auseinandersetzen, gibt es für Pferde keine überlegende Ruhepause zwischen der Wahrnehmung einer potenziellen Bedrohung und ihrer instinktiven Reaktion. Dieser Grundsatz muss uns im Umgang mit unserem Pferd immer bewusst sein. Verkrampfen oder Verspannen wir uns in einer aus Pferdesicht gefährlichen Situation, so wird es sich als Herdentier in seiner Gefahrenannahme von uns bestätigt sehen und zur Flucht ansetzen. So scheint es sinniger, dass wir unserem Partner Pferd vor allem Sicherheit in unserer Gegenwart vermitteln. Pferde sind von ihrem Wesen her soziale Tiere. Machen sie keine schlechten Erfahrungen mit dem Menschen, dann übertragen sie auf uns dieselbe soziale Einstellung, die sie auch ihren Artgenossen gegenüber haben. Machen wir uns stets die Sozialkompetenz des Pferdes bewusst, ist gemeinsames harmonisches Handeln möglich, und wir können es zu meisterhaften psychischen und physischen Leistungen ermuntern.

Pferde pflegen auch in der Natur enge freundschaftliche Beziehungen und zeigen einander ihre Emotionen und ihre Zuneigung ganz offen und uneingeschränkt. Entsprechend gestalten sie auch ihre Bindung und ihre Zusammenarbeit mit dem Menschen, wenn dieser sich ebenfalls emotional einlassen kann.

Genau hier liegt aber häufig die Problematik. Den sozialen Spiegel bekommen die wenigsten Menschen gerne aufgezeigt. Was beim therapeutischen Reiten sehr befürwortet wird, nimmt der durchschnittliche Reiter unterdessen äußerst ungern zur Kenntnis. Gemeint ist die Fähigkeit des Pferdes, unsere ausgesendeten Körpersignale aufzufangen und entsprechend darauf zu reagieren. Bleibt uns Menschen häufig der Blick für innerpsychische Vorgänge eines anderen Menschen versagt, nehmen Pferde dieselben sehr deutlich wahr. Pferde empfinden instinktiv sowohl unsere Ängste, Unsicherheiten oder das Streben nach Macht als auch unser ehrliches Interesse an kooperativer Zusammenarbeit. Das bedeutet für uns Reiter: Wenn das Pferd unsere ureigensten Impulse und Bedürfnisse erfühlen kann, so müssen wir uns erst einmal mit uns selbst auseinandersetzen, bevor wir uns auf ein Pferd setzen und Erwartungen an es stellen.

Unabhängig von technischen Hilfen reflektiert uns das Pferd in seinem Verhalten, und wir sehen uns mit unserer persönlichen mentalen und psychischen Situation konfrontiert. Neben Selbsterkenntnis ist beim Reiten und im Umgang mit Pferden auch eine positive Grundeinstellung und Einfühlungsvermögen wichtig. Wer nach einem stressigen Arbeitstag angespannt, wütend oder aggressiv in den Stall kommt, muss sich nicht verwundert zeigen, wenn sein Pferd diesen unangenehmen psychischen Zustand in seinem Verhalten abbildet. Pferde sind exzellente Analytiker und Spezialisten für Körpersprache (siehe Kapitel 4). Es ist also entscheidend, bei einem „Fehlverhalten" des Pferdes erst einmal den Blick auf sich selbst zu richten.

HC Randy Disher QH-Wallach (3) & Nele Sauer
©Julia von Gierke

Auf einen Blick

▶ Bedingung für einen gemeinschaftlichen Umgang müssen Kenntnisse über die Instinkte des Pferdes sein.

▶ Vermenschlichung hat Fehldeutungen und Vertrauensverlust zur Folge.

▶ Das Ziel in der Arbeit mit dem Pferd muss eine Beziehungsarbeit sein.

▶ Das Beutetier Pferd sichert durch ständige Fluchtbereitschaft sein Überleben.

▶ Menschen gehören der Gattung „Raubtier" an.

▶ Pferde reagieren auf Druck mit Gegendruck.

▶ Als Herdentiere brauchen Pferde unbedingt ihre Artgenossen.

▶ Die Rangordnung sichert das Überleben der Herde.

▶ Die Leitungsposition ist für Pferde kein Selbstzweck.

▶ Wir sollten dem Pferd gegenüber eine achtungsvolle Autorität verkörpern.

▶ Pferde können unsere ureigensten Impulse und Bedürfnisse erfühlen.

▶ Pferde spiegeln unsere innerpsychischen Zustände.

Gentle Invitation, Quarter Horse-Stute (9) & Sophie Schonauer
©Lynn Weydert & GR-ink Equine Design

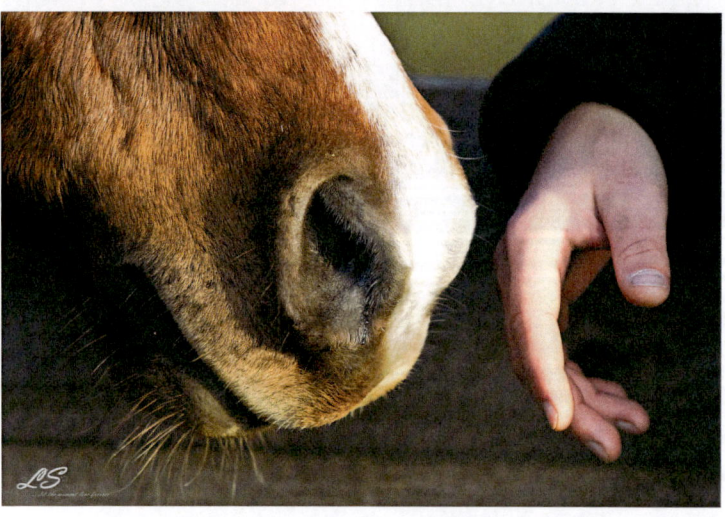

One Roan Gun, Quarter Horse-Wallach (18) & Marcel Bleeck
©Melanie Fleig & www.lya-seestern.com

2
Sinne und Wahrnehmung

„Die Sinne trügen nicht, das Urteil trügt."

(Johann Wolfgang von Goethe)

Pferde und Menschen nehmen ihre Umwelt auf unterschiedliche Weise wahr. Hierin liegt auch der Grund, warum wir unser Pferd oft in seinen Reaktionen nicht erfassen können. Im Laufe ihrer Evolution haben sich nicht nur Körperbau, Skelettapparat und Muskulatur der Pferde weiterentwickelt, sondern auch ihre Sinne. Denken, Fühlen und neuronale Verarbeitungen stimmen mit der Ausrichtung auf Herden- und Fluchttier überein. Um Missverständnisse und Fehlbehandlungen zu vermeiden, ist es unsere Aufgabe, uns in die Sinneswelt des Pferdes hineinzuversetzen.

Der Sehsinn:
Optischer Kosmos des Pferdes

Pferde sehen völlig anders als Menschen. Sie haben einen Rundumblick, der es ihnen ermöglicht wahrzunehmen, was in einem Winkel von beinahe 360 Grad um sie herum passiert. Sie sehen ihre Umwelt zwar unschärfer als wir Menschen, dafür können sie aber nachts deutlich mehr erkennen. Da sich Pferdeaugen nur langsam wechselnden Lichtverhältnissen anpassen können, sollten wir berücksichtigen, dass sie Zeit zur Eingewöhnung beim Übergang vom Hellen ins Dunkel brauchen.

Im Vergleich zum Menschen, der mit beiden Augen einen bestimmten Punkt fokussiert, arbeiten die Pferdeaugen unabhängig voneinander. Hierdurch wird das Phänomen erklärbar, dass Pferde häufig doppelt scheuen. Hat ein Pferd z. B. auf der rechten Hand einen unbekannten Gegenstand auf der Hallenbande wahrgenommen und sich nach erstmaligem Scheuen daran gewöhnt, so ist es möglich, dass es auf der linken Hand erneut scheut. Bei diesem Vorgehen entspricht es nicht der Intention des Pferds den Reiter zu ärgern oder zu testen, sondern es handelt sich um ein charakteristisches arttypisches Verhalten. Aus der Sicht des Pferdes ist der Gegenstand ein neues Objekt, das vorher nicht da war. Da Pferde die empfangenen Bilder beider Augen nicht miteinander kombinieren, erreichen sie das Gehirn gesondert voneinander und werden separat verarbeitet. Nur so können sie den in der Natur überlebensnotwendigen Panoramablick erhalten.

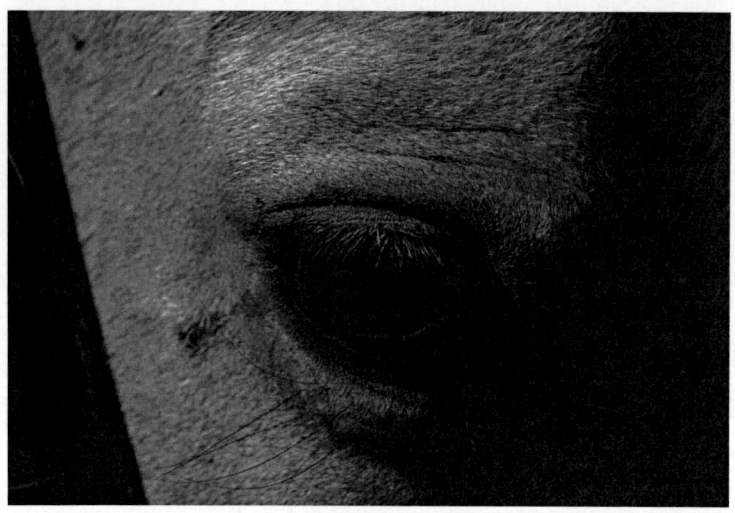

Bacione, Andalusier-Mix (6)
©Rocco Passari

Durch ihre konvergierende Sehachse können Pferde zwar einerseits mehr wahrnehmen als wir Menschen, aber andererseits diese Fülle an Informationen nur ungenauer verarbeiten. Pferde sehen mehr

Bilder pro Sekunde als Menschen und können daher Bewegungen und Umweltveränderungen wahrnehmen, die wir nicht sehen. Darüber hinaus haben sie eine blinde Zone direkt vor ihrer Nase. Entsprechend sollten wir uns – besonders einem unbekannten Pferd – nur von der Seite nähern. Unter Berücksichtigung dieser Gegebenheit wird deutlich, wie viel Vertrauen uns ein Pferd entgegenbringt, lässt es uns seine Stirn berühren oder streicheln.

Pferde erfassen Details in ihrer Umgebung anders als Menschen. Nähern wir uns einem Objekt, desto feiner erkennen wir es. Entwicklungsgeschichtlich ist es für Pferde aber bedeutsamer, grobe Umrisse bzw. Bewegungen auf größere Distanzen wahrzunehmen. Auf diese Weise können sie Artgenossen oder potenzielle Raubtiere besser entdecken und frühzeitiger zur Flucht ansetzen.

Pferde können aber auch Objekte etwa einen Meter vor ihrem Kopf relativ genau erkennen. Wollen sie binokular, also mit beiden Augen gleichzeitig scharf sehen, so müssen sie ihre Pupillen zusammenziehen und ihre Kopfhaltung anpassen resp. verändern. Entsprechend sollten wir uns als Reiter Gedanken darüber machen, wie wir unser Pferd stellen, um ihm nicht die Sicht zu nehmen. Optimal verläuft dies, wenn es den Kopf vor der Senkrechten trägt. Auch sollten wir berücksichtigen, dass Pferde einen geringen Teil ihres Sichtfeldes übereinander legen können. Anders könnten sie Sprünge, die Bodenverhältnisse oder Unebenheiten gar nicht wahrnehmen. Besonders im Gelände dürfen wir unser Pferd also nicht in Dressurhaltung radikal durchs Genick reiten, da wir es so in seiner Sicht behindern. Auf variierende Bodenverhältnisse kann es sich sonst auch nicht mehr einstellen.

Vor allem Springreiter sollten ihrem Pferd die Chance einräumen, vor dem Sprung das Hindernis scharf fokussieren zu können. Hierfür braucht es Kopffreiheit, um den Kopf anheben zu können.

Werden Pferde von ihren Reitern daran gehindert, ihren Sichtbereich vor ihrem Kopf auf scharf zu stellen, dann fühlt sich das Fluchttier in seinem Sehen und Handeln unerträglich eingeschränkt. Sind Kopf und Hals zu stark fixiert, ist das Pferd gezwungen, mit Weitsicht zu sehen. Die Nase hinter der Senkrechten verhindert die Sicht auf nahe Objekte. Hindernisse befinden sich in diesem Fall außerhalb des binokularen Sehfeldes. Als Fluchttiere können Pferde nicht blind durch einen Springparkour laufen, ohne einen psychischen und physischen Schaden zu nehmen.

Besonders in der Dressur ist es leider nicht unüblich, Pferde hinter der Senkrechten (Rollkur oder Hyperflexion) zu reiten – entweder aus Unwissenheit, oder um das Pferd durch Abhängigkeit gefügiger zu machen. Für alle Reiter jeder Reitdisziplin muss es eine Grundvoraussetzung sein, sich mit dem Sehvermögen des Pferdes auseinanderzusetzen. Je nach Positionierung von Kopf und Hals schränken wir den Überblick des Pferdes massiv ein und nehmen ihm seine Panoramasicht. Wird also die Bewegungsfreiheit im Hals eingeschränkt und das Pferd hinter die Senkrechte gebracht, wird sein blinder Fleck zwangsläufig größer. Wer sein Pferd hinter der vertikalen Nasenlinie in einem Winkel von 15 Grad reitet, muss sich nicht verwundert zeigen, wenn es gegen alle möglichen Objekte läuft. Es ist nämlich vollständig blind. In diesem entsetzlichen Zustand zeigen Pferde alle Anzeichen von Unterwerfung. Jeder Reiter – unabhängig von der Reitweise – sollte sich klarmachen, dass Pferde als Fluchttiere eine Rundumsicht brauchen, um seelisch und körperlich gesund zu bleiben.

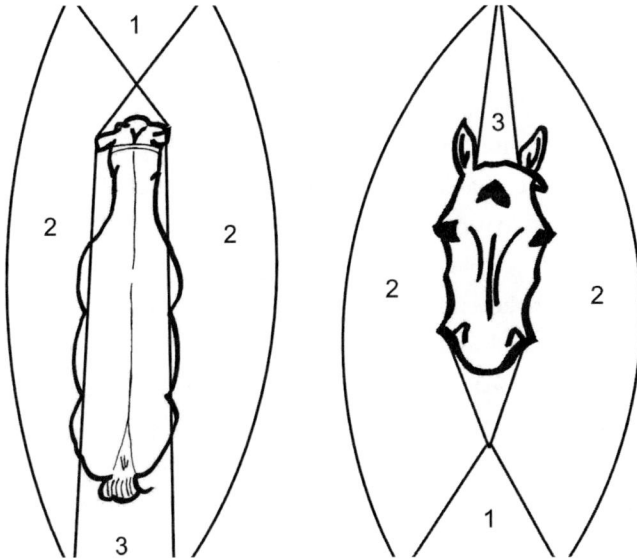

1) 65 Grad beidäugiges Sehen,
2) 285 Grad einäugiges Sehen,
3) blinde Bereiche, wenn der Kopf gerade getragen wird.

Der Hörsinn:
Wie Pferde akustisch wahrnehmen

Die Pferdeohren sind sowohl Sinnesorgan als auch ein Mittel zum Ausdruck in der Kommunikation. Auch die Ausbildung der Pferdeohren ist eng mit der Entwicklung als Fluchttier verbunden. Selbst im Schlafzustand nehmen Pferde unbewusst Geräusche wahr und selektieren sie im Hinblick auf mögliche Gefahrenquellen, die eine Flucht verlangen. Die Parameter liefert hierbei das Instinktprogramm. Das Hörzentrum im Pferdegehirn filtert aus einer Fülle von

Informationen nur die überlebenswichtigen Botschaften. Während ein beinahe lautloses Rascheln auf einen Feind schließen lässt, sind Motorengeräusche häufig weniger interessant für Pferde, obwohl sie ein deutlich besseres Gehör haben als Menschen.

Pferde können ihre Ohren drehen, aufstellen und unabhängig voneinander bewegen. Damit sie den ganzen Tag mit dem Kopf im Gras fressen können, hat die Evolution dafür gesorgt, dass ihre Ohren so beweglich sind, dass sie ihre Umgebung auf Geräusche und etwaige Gefahren überwachen können. Die Verhaltensforschung geht zudem davon aus, dass Pferde Schallimpulse in höherer Frequenz wahrnehmen als Menschen. Ihr Hörumfang reicht deutlich weiter als der menschliche.

Besonders beim Reiten wird deutlich, dass Pferde, sobald sie ein unidentifiziertes Geräusch hören, es auch lokalisieren, riechen und sehen wollen. Pferde nehmen mit allen Sinnen kombinierend wahr. Misslingt es dem Pferd, ein unbekanntes Geräusch aufgrund seiner Sinneswahrnehmung und seines Erinnerungsvermögens als ungefährlich einzuordnen, so setzt es zur Flucht an. Ähnlich wie beim Sehen unterscheiden sich die Wahrnehmung von Geräuschen und die Schallwellenverarbeitung von Pferden im Vergleich zum Menschen. Auch hier müssen wir uns stets darüber im Klaren sein, dass das Verhalten unseres Pferdes instinktiv gesteuert und ursprünglich überlebensnotwendig ist. Uns Menschen ist es in seiner Fähigkeit, Geräusche aus weiten Entfernungen wahrzunehmen, um Tausende von Metern voraus, während wir uns in unserer unmittelbaren Umgebung akustisch besser orientieren können. Auch das Gehör ist also evolutionär an die Lebensbedingungen von Pferden angepasst. Da sie sich als Herdentiere meist umzingelt von Artgenossen aufhalten und ihre

Sicht dadurch eingeschränkt ist, ist es für sie überlebenswichtig, dennoch ausreichend Außenreize akustisch wahrnehmen zu können.

Vergleichbar zum Sehen scheinen Pferde durch die Positionierung von Kopf und Körper ihre Empfindsamkeit auf Geräusche steuern zu können. Je nach situativer Notwendigkeit können sie also auditive Signale aufnehmen oder aussondieren. Letzteres geschieht z. B., wenn Pferde im Schutz der Gruppe dösen. Auch legen sie die Ohren flach an den Kopf, wenn sie sich vor Geräuschreizüberflutung schützen wollen.

Der Geruchssinn:
Die Duftwelten des Pferdes

Neben Seh- und Hörsinn ist auch der Geruchssinn des Pferdes deutlich ausgeprägter als unserer. Aus Überlebensgründen sind Pferde beispielsweise imstande, Wasser aus sehr weiter Entfernung riechen zu können, wobei sie zwischen sauberen und verdorbenen Quellen zu unterscheiden vermögen.

Auch Artgenossen erkennen sich gegenseitig am Geruch. Über ein Zwei-Wege-System können sie sowohl passiv als auch aktiv riechen. Ohne bewusste Entscheidung nehmen Pferde die Gerüche in ihrer Umgebung dauerhaft wahr. Bei aktivem Riechen öffnen sie ihre Nüstern und nehmen alle Düfte auf, die ihnen ihr Umfeld gerade bietet. Steigt ihnen ein ganz besonderer Wohlgeruch in die Nase, dann flehmen sie. Beim Flehmen klappt das Pferd die Oberlippe über die Nase und kann das interessante Aroma gesondert auswerten. Wallache – aber besonders Hengste – flehmen ausführlich, wenn sie den Geruch einer rossigen Stute wahrnehmen.

Da Pferde direkt vor ihrer Nase nicht sehen können, kommt dem Geruchssinn eine ganz entscheidende Bedeutung bei der Unterscheidung zwischen Nahrung und Ungenießbarem zu.

Esprit, KWPN-Stute (22)
©Katia Allexi

Für Pferde sind ihre olfaktorischen Fähigkeiten in verschiedenen Lebenslagen von hohem Bedeutungsgrad. Schon Fohlen erkennen ihre Mutter am Geruch und lernen sie in der Prägephase von den anderen Artgenossen in der Herde zu unterscheiden. Ähnlich wie kleine Kinder entdecken sie die Welt über ihre Nase und ihren Mund. Unbekanntes wird beschnuppert und abgeleckt, um dessen Geruch und Geschmack wahrzunehmen und es in ein Bezugssystem langfristig einzuordnen. Auf diese Weise funktioniert schon das „frühkindliche" Lernen.

Aus territorialen Gründen ist es für Hengste erforderlich, an den Pferdeäpfeln zu erkennen, ob sich ein Kontrahent in der Nähe aufhält. Da der Aufnahmezeitpunkt einer rossigen Stute ganz entscheiden für den Deckakt ist, erkennen Hengste neben optischen Signalen und Bewegungsreizen auch am Duft der Hinterlassenschaft der Stute, ob diese paarungsbereit ist. Sollte dies noch nicht der Fall sein, hält der Hengst sich aus Selbstschutzgründen vorerst in gebührendem Abstand von ihr auf – natürlich ohne sie aus den Augen zu verlieren, aber auch nicht so nah, als dass sie ihn verletzen könnte.

Der Geruchssinn ist für Pferde von überlebenswichtigem Charakter, um sich in der Welt zu orientieren, sich zurechtzufinden und zu lernen. Ihr olfaktorisches Empfinden ist naturgemäß deutlich feiner ausgeprägt als das unsere. Folglich stellen ammoniakverseuchte Stallungen nicht nur ein gesundheitliches Bronchial- und Lungenerkrankungsrisiko dar, sondern sind zudem eine erhebliche psychische Belastung fürs Pferd. Vor allem, da in gängigen Ställen alle anderen Sinnesreize beschränkt sind, während die Geruchseindrücke überbelastet werden.

Bevorzugt fremde Objekte erkunden Pferde dadurch näher, dass sie an ihnen riechen. Zudem wird das soziale Miteinander über gegenseitiges Beschnuppern ausgetragen. Pferde riechen im Austausch beiderseits als Begrüßungsritual ihren Atem. Wir können unser Pferd auf eine ähnliche respektvolle Art begrüßen, indem wir es an unserer ausgestreckten Hand riechen lassen. Erst danach sollten wir uns weiter in seinen persönlichen Bereich begeben.

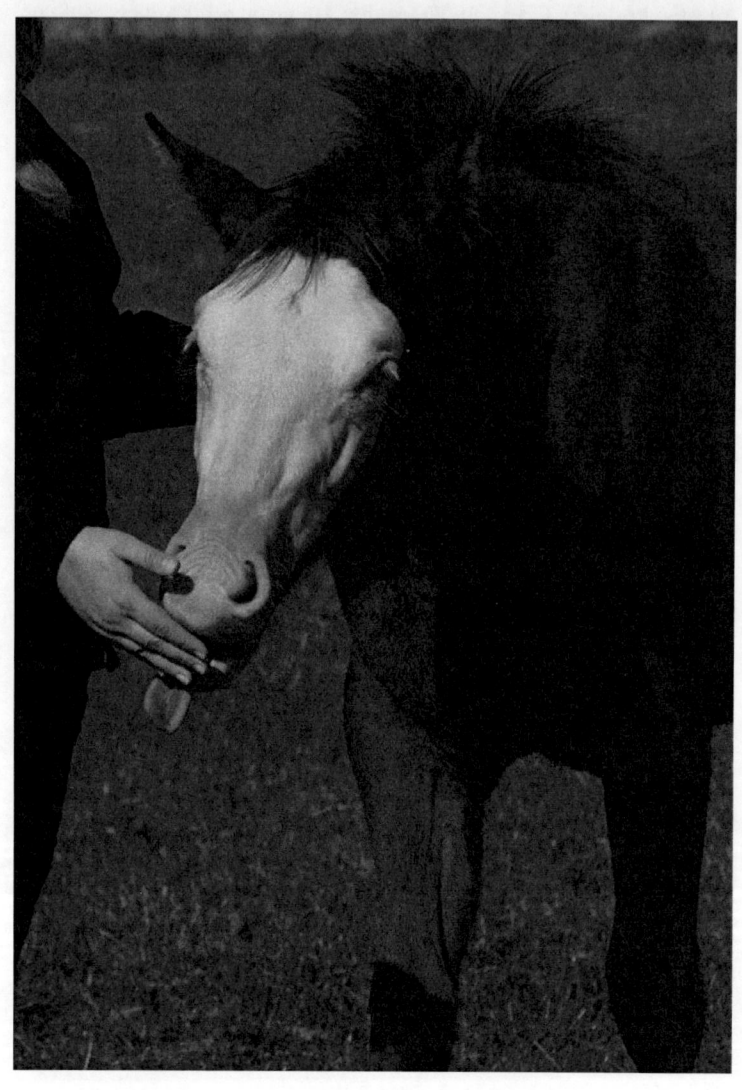

Katies Chex, Paint Horse-Stute
©Annette Jäger, Renate Körber

Unklare Gerüche untersuchen Pferde aus Gründen der Orientierung mit Zunge und Lippen, um diese besser einordnen zu können. Dies ist eine ganz natürliche Vorgehensweise und dahinter steckt nicht, wie häufig angenommen, der boshafte Versuch zu beißen. Jede Form von arglistiger Täuschung ist ihrer Natur und ihrem Wesen absolut fremd. Heimtücke und widersprüchliche Handlungsweisen sind rein menschliche Eigenschaften. Vielmehr suchen Pferde über das Riechen den sozialen Dialog – sowohl mit ihren Artgenossen als auch mit uns Menschen. Wir sollten dieses Angebot höflich annehmen und dem Pferd die Chance, uns über unseren Geruch zu entdecken, einräumen.

Der Geschmackssinn:
Wie Pferde schmecken

Wie alle Sinne ist auch der Geschmackssinn des Pferdes an seine natürlichen Lebensbedingungen angepasst. Auf der Zunge des Pferdes sitzen Tausende Geschmackspapillen. Sie können zwischen süßen, sauren und salzigen Geschmäckern sowie Bitterstoffen unterscheiden. Im Vergleich zu vielen Menschen mögen Pferde letztere sehr gerne. In der Natur vorkommende gesunde Kräuter schmecken bitter. Es ist ein Irrglaube, dass Pferde besonders gerne Süßliches mögen. Vielmehr sind sie durch die Belohnung mit Zucker vom Menschen darauf konditioniert.

Als Sinnesorgan ist die Zunge entscheidend an der Entdeckung und Erkundung von allem Neuen beteiligt. Dabei geht sie als Informationslieferant weit über den Geschmackssinn hinaus. Sie gibt über den Tastsinn auch Aufschluss über Form und Oberflächenstruktur.

Frisches Gras ist das wichtigste und energiereichste Grundnahrungsmittel für Pferde. Bei Weitem sind sie keine Allesfresser. Als Feinschmecker und Individualisten suchen sie sich sehr sorgfältig aus, was sie fressen möchten. In ihrer Körpersprache unmissverständlich, vermitteln uns Pferde sehr deutlich, welche Leckerbissen sie favorisieren und welche sie ablehnen. Pferde haben genauso Vorlieben wie Menschen, wobei ihr Unterscheidungsvermögen hierbei nach zweckmäßigen biologischen Kriterien vorgeht. Einige Pferde meiden sogar gesundheitsschädigende Pflanzen. Allerdings existieren hier individuelle Unterschiede. Während manche Pferde den Kontakt zu toxischen Stoffen umgehen, vermögen andere diese Differenzierung nicht vorzunehmen und gefährden ihre Gesundheit. Wir sollten uns als Halter also nicht darauf verlassen, dass unsere domestizierten Pferde einen solchen natürlichen Instinkt noch haben und giftige Pflanzen vorsorglich aus ihrer Umgebung entfernen.

Der Haut- und Tastsinn:
Die Erkundung unbekannter Objekte

Über ihre Tasthaare, Lippen, Hufe und durch Berührungen nehmen Pferde ihre Umwelt wahr. Der Tastsinn liefert Informationen über die Entfernung, die Oberflächenstruktur und die Form von Objekten. Während die Hufe den Boden erfühlen, reagieren die Tasthaare um Augen, Nase und unter dem Maul auf Druck und Richtungsveränderungen. Mit der Haut als eines der sensibelsten Sinnesorgane erspüren Pferde jede noch so feine Berührung. Berührungsreize genießen sie sehr. So kommunizieren sie auch auf sozialer Ebene mit Artgenossen und dem Menschen über Körperkontakt. Dass die Pferdehaut äußerst feine Empfindungen hat, kann besonders am Umgang des Pferdes mit Juckreiz beobachtet werden. Viele Pferde stören sich erheblich am Schweiß, der sich unter Halfter und Zäumung bildet. Nur zu gerne scheuern sie diese juckenden Stellen an ihren Beinen, an Gegenständen in ihrer unmittelbaren Umgebung oder am Reiter, der als willkommener Kratzbaum neben ihnen steht.

Hautberührungen nehmen Pferde je nach Körperregion unterschiedlich intensiv wahr. Flanken, Maulregion und Widerrist sind besonders sensitiv. Untereinander kratzen und berühren sie sich gegenseitig an diesen empfindsamen Stellen. Über diesen sozialen Körperkontakt entwickeln Pferde ein Zusammengehörigkeitsgefühl in der Gruppe und stärken ihre Bindungen zueinander. Auch die sozialen Rollen und der Statuserhalt werden über Berührungen gefestigt. Ihre Körperverständigung untereinander reicht von behutsamen Kontakten bis hin zu kräftigem Kratzen.

Das Putzen ist für uns Menschen eine gute Gelegenheit, in dieses soziale Verhaltensritual mit eingebunden zu werden. Wir können diese Chance nutzen, unsere Beziehung zum Pferd zu vertiefen und uns sozial und emotional mit ihm auszutauschen.

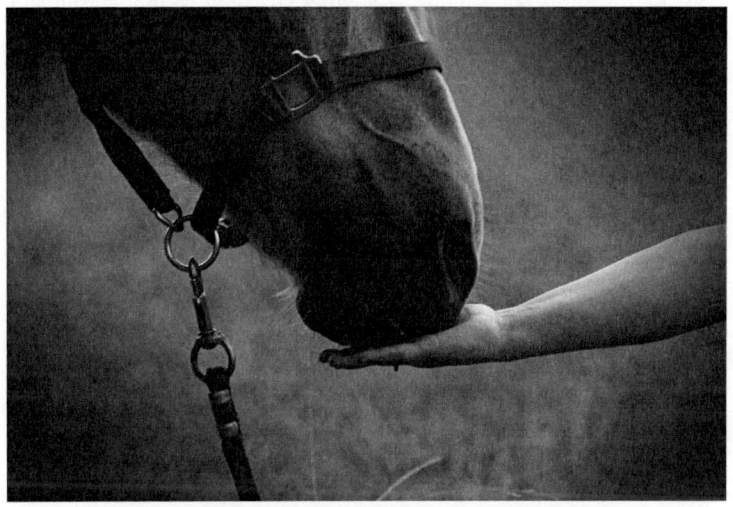

Armano, Haflinger-Wallach (17) & Stefanie Hampl
©Thomas Hautmann & www.foto-hautmann.de

Reiter, die ihre Pferde putzen und satteln lassen, verpassen diesen gegenseitigen Austausch zur Bindungspflege zwischen Mensch und Pferd. Besonders intensives Kraulen am Widerrist genießen viele Pferde sichtlich. Leichte Berührungen an Maul und Nase sind für die soziale Kommunikation sehr geeignet, wobei Pferde an diesen Hautpartien sehr empfindlich sind. Rund um Maul und Nase befinden sich sehr viele kleine Sinnesorgane, womit Pferde imstande sind, Vibrationen wahrzunehmen, die wir Menschen nicht erfühlen können. Hieraus erklärt sich so manches nervöse Pferdeverhalten, das der Mensch häufig nicht nachvollziehen kann. Tast- und Hautsinn sind bedeutende Informationsquellen für potenzielle Gefahren.

Vor allem die Tasthaare des Pferdes liefern ihm viele wichtige Informationen über seine Umgebung. Sie geben ihm z. B. Aufschluss über das Leckerli in der Hand seines Menschen und darüber, ob der Weidezaun unter elektrischer Spannung steht. Die Tasthaare abzuschneiden, weil es optisch ansprechender aussieht, ist in Deutschland verboten. Das Entfernen der Tasthaare löst bei Pferden Traumata aus, die denen einer Abtrennung der Gliedmaße beim Menschen gleichkommen. Die Folgen sind Symptome und Phantomschmerzen, da die Repräsentationen im Gehirn aufrechterhalten werden. Pferde sind auf alle ihre Tasthaare angewiesen, um sich orientieren zu können. Mit Maul und Lippen als überaus sensible Sinnesorgane untersuchen sie ihre unmittelbare Umgebung. Schon Fohlen nutzen ihr Maul als Kommunikationsmittel und Sinnesorgan sehr ausgiebig im Kontakt mit ihrer Mutter und mit Artgenossen. Ist uns ein Pferd vertraut, so sollten wir zulassen, wenn es uns mit Nase, Maul, Lippen und Tasthaaren vorsichtig untersuchen möchte, wobei Sicherheit für alle Beteiligten immer vorgeht. Hierbei gilt es zu differenzieren, ob ein Pferd wirklich aus den genannten Gründen liebevollen Sozialkontakt sucht oder aus Lust am Spiel nach uns schnappen will. Letzteres sollte ausdrücklich unterbunden werden.
Mit ihrer Haut spüren Pferde jede Fliege, die sich niederlässt. Natürlich fühlen sie auch die kleinste Bewegung des Reiters. Reagiert ein Pferd nicht auf die Reiterhilfen und ignoriert diese konsequent, so liegt dies keineswegs daran, dass es sie nicht bemerkt hat. Vielmehr

ist dieses Verhalten ein Hinweis auf Anspannung und Unzufriedenheit. Eine Problemlösung kann an dieser Stelle wohl kaum gewaltsames Zutreten mit dem Schenkel oder den Sporen sein. Vor allem der Reiter sollte sich und seinen Umgang mit dem Pferd hinterfragen und analysieren. Nicht selten werden Pferde in jungen Jahren überfordert und haben schnell ihre Leistungsgrenze erreicht. Das individuelle Lernen für das Pferd und sein gesundes Tempo spielen beim Reiten leider häufig keine Rolle. Besser als Treten und harte Hilfengebung sind gemeinsames Entspannen, das Überdenken des Gewesenen und der Blick auf einen neuen Versuch unter anderen Bedingungen (siehe Kapitel 5). Zwang und Druck sind keine hilfreichen Berater im Umgang mit Pferden. Vielmehr muss es darum gehen, konsequent und gerecht zum gemeinsamen Gleichgewicht zu finden.

Der Zeit- und Orientierungssinn:
Pferde finden immer nach Hause

Pferde verfügen über ein sehr gut trainierbares Gedächtnis, was ihren Orientierungssinn betrifft. Sie haben einen angeborenen inneren Kompass. Einmal gegangene Wege können sie sich ausgezeichnet merken und darüber hinaus zu einer Art inneren Landkarte verbinden. Zudem sind sie imstande, sich an den Magnetlinien der Erde zu orientieren. Demgemäß finden sie sogar aus entferntem und unbekanntem Gelände auf direktem Weg zurück nach Hause. Es existieren unzählige Erfahrungsberichte von Reitern, die sich mit ihren Pferden auf Wanderritten verirrt haben. Die Geschichten nehmen alle – trotz schwerer Schneestürme, heißer Wüste oder anderem schutzlosen Gelände – denselben Ausgang. Sobald der Reiter dem natürlichen Orientierungssinn des Pferdes Vertrauen schenkte, brachte es sie sicher zurück.

Wer Pferde beobachtet, stellt fest, dass sie einen ausgeprägten Zeitsinn haben. Sie wissen genau, wann Weidezeiten und wann Futterzeiten sind. Regelmäßig wiederkehrende Ereignisse speichern sie auch im Wochen-, Monats- und Jahresrhythmus.

Signal- und Reizreaktionen:
Lernen beginnt im Gehirn

Um Pferde und ihre Verhaltensmuster zu verstehen, müssen wir uns neben ihrer Sinneswahrnehmung mit Augen, Ohren, Mundpartie und Haut auch mit inneren Vorgängen auseinandersetzen. Hierzu zählt vor allem die neuronale Verarbeitung im Gehirn. Handlungsbereitschaft entsteht im Gehirn und löst neben Verhaltensweisen auch Lernvorgänge aus.

Pferde können denken – allerdings nicht wie Menschen. Sie sind zudem weder hinterlistig noch heimtückisch und überlegen sich keinesfalls raffinierte Pläne, um uns zu verärgern. Tatsächlich sind es äußere und innere Signale oder Reize, auf die das Pferd als Reaktion ein bestimmtes Verhalten zeigt. Zu internen Signalen zählen beispielsweise der Blutzuckerspiegel, die Hormone oder Schmerzen. Externe Reize sind wahrgenommene Gerüche, Geräusche oder ausgeübter Druck auf das sensible Hautorgan. Über Rezeptoren werden die Signale wahrgenommen und sodann über die Nervenbahnen weiter an das Gehirn zur Verarbeitung geleitet. Damit dies geschehen kann, muss in frühen Jahren die Verarbeitung im Gehirn durch genügend Erfahrungen gelernt werden. Bleibt dies aufgrund fehlender oder mangelnder Umweltreize aus, so kann der effektive Einsatz der einzelnen Sinneswahrnehmung lebenslang beeinträchtigt bleiben. Durch Erlebnisse und Lernvorgänge verarbeiten Pferde den Informationsgehalt einzelner Signale im Laufe ihres Lebens immer feiner und komplexer. Feinde werden mit dem Attribut *lebensbedrohlich* versehen, wobei dieser Informationsgehalt durch Erfahrung die Reaktion *Flucht* auslöst.

Jedem Verhalten des Pferdes geht eine Verarbeitung von äußeren und inneren Signalen voraus. Parallel treffen vielfältige optische, akustische, olfaktorische, geschmackliche Signale und Berührungsreize im Gehirn ein. Nun ist das Gehirn angehalten, diese nach ihrer Wichtigkeit zu filtern und basierend auf weiteren äußeren und inneren Signalen und vergangenen Lernerfahrungen eine Handlungsentscheidung zu treffen. Bedeutsamster Anspruch des Pferdes bei allen Entscheidungsprozessen ist immer der Erhalt bzw. die Stärkung des eigenen Zustands (*biologische Fitness*). Ist eine Entscheidung getroffen, folgt ihr als logische Konsequenz ein entsprechendes Verhalten. Dieses kann Flucht, Angreifen, Erstarren, Erschrecken oder Verhandeln mittels sozialer Kommunikation umfassen.

Soll unser Pferd einer Anweisung Folge leisten, müssen wir es also trainieren, über Gehör, Sehen und Berührungsreize Assoziationen mit erwünschtem Verhalten zu bilden. Die Erfolgsquote wird hierfür deutlich erhöht, wenn wir konsequent, intensiv und wiederholend trainieren. Hierbei sollte das Prinzip der Belohnung und das grundsätzliche Bestreben des Pferdes, seinen Gesamtzustand immer verbessern zu wollen, berücksichtigt werden (siehe Kapitel 6 und 7).

Neben externen Faktoren bestimmen auch interne Vorgänge das (Lern-)Verhalten von Pferden. *Chemische Botenstoffe* (Neurotransmitter, beispielsweise GABA, Glutamat, Serotonin, Dopamin, Adrenalin und Noradrenalin) sind entscheidend für die Verarbeitung im Gehirn und beeinflussen das Lernen und die Emotionsbildung. Ausschlaggebend sind bei neuronalen Vorgängen die Verbindungsstellen zwischen einzelnen Nervenzellen. Dieser Reizweiterleitungsbereich nennt sich *Synapse*. Das Gehirn als Schaltzentrale ist eingeteilt in Groß- und Kleinhirn, Großhirnrinde, Zwischenhirn und Hirnstamm. Der letztlich alles regulierende Bereich ist das *limbische System*. Dieser Teilbereich des Großhirns zwischen Großhirnrinde und Zwischenhirn bestimmt – ähnlich wie beim Menschen – maßgeblich das Verhalten des Pferdes. Über Emotionsentwicklung und Handlungsentschluss werden hier Gedächtnisbildungsprozesse vorgenommen.

Besonders effektiv und langfristig lernen Pferde mit ihrem inneren Belohnungssystem im Gehirn. Hierbei spielen Dopamin und körpereigene Opiate eine gewichtige Rolle, wobei das Pferd Entscheidungen über Handlungsoptionen trifft. Im Zuge dessen bezieht es immer die Frage nach der Optimierung des eigenen Zustands mit ein. Sieht es denselben gefährdet, werden Emotionen wie beispielsweise Angst ausgelöst, was Fluchthandlungen zur Folge hat. Pferde reflektieren allerdings nicht die Folgen ihres Verhaltens. Ihre Handlungen sind vielmehr das Ergebnis eines komplexen internen Rechenprozesses, an dessen Ende eine Handlungsmotivation steht, welche instinktiv in die Tat umgesetzt wird.

Auf einen Blick

▶ Pferde haben einen Rundumblick von beinahe 360 Grad.

▶ Die Pferdeaugen arbeiten unabhängig voneinander.

▶ Reiten hinter der Senkrechten nimmt Pferden die Sicht.

▶ Über den Geruch lernen Pferde Unbekanntes kennen.

▶ Soziales Miteinander wird durch gegenseitiges Beschnuppern gepflegt.

▶ Pferde unterscheiden zwischen süß, sauer, salzig und bitter.

▶ Giftige Pflanzen muss der Mensch aus der Umgebung des Pferdes vorsorglich entfernen.

▶ Der Tastsinn liefert Informationen über unbekannte Objekte.

▶ Die Haut ist das empfindlichste Sinnesorgan.

▶ Die Tasthaare dürfen niemals abgeschnitten werden. Dies kommt einer Amputation gleich.

▶ Pferde haben ein trainierbares Gedächtnis.

▶ Handlungsbereitschaft entsteht im Gehirn.

▶ Durch Erfahrungen und Lernen verarbeiten Pferde den Informationsgehalt einzelner Signale.

▶ Wichtigster Anspruch des Pferdes ist immer der Erhalt bzw. die Stärkung des eigenen Zustands (*biologische Fitness*).

Hanny blue, Freiberger (11) & Hidalgo, Criollo-Mix (12)
©Birgit Dickoré

Beautiful Princess, Deutsches Reitpony (7) & Svenja
©Svenja Bittner

3
Evolution und Entwicklung

„Nichts in der Geschichte des Lebens ist
beständiger als der Wandel." (Charles Darwin)

Die Entwicklung vom prähistorischen zum modernen Pferd

Unter Evolution wird die Veränderung (*Mutation*) vererbbarer Merkmale einer Art von Generation zu Generation verstanden. Veränderte Genvarianten führen zu neuen Merkmalen (*Allele*). Es entstehen erblich bedingte Unterschiede innerhalb einer Population von Lebewesen. Evolution findet dann statt, wenn die neuen Varianten häufiger oder seltener auftreten. Diese Vorgänge tragen sich vor allem durch *natürliche Selektion* zu.

Charles Darwin veröffentlichte erstmals in seinem 1859 erschienenen Werk *The Origin of Species* seine Forschungsergebnisse bezüglich der natürlichen Auslese. Seine Hypothesen zur Entstehung der Vielfalt des Lebens auf der Erde etablierten sich zum zentralen Grundsatz der modernen Biologie.

Können Individuen mit bestimmten Merkmalskonstellationen in der Natur mehr gesunden Nachwuchs zeugen und sind gleichzeitig widerstandsfähiger gegenüber Umwelteinflüssen und Feinden, so sind sie umso überlebensfähiger. Natürliche Selektion tritt auf, wenn Merkmale dem Überleben und der Fortpflanzung dienlich sind. Diese Tiere geben ihr Erbgut weiter an ihre Nachkommen, wobei mehr Kopien ihrer vererbbaren Merkmale in die nächste Generation eingebracht werden. Günstige Merkmale werden also im Laufe der Zeit häufiger in ihrem Auftreten, während unzweckmäßige seltener werden. Durch diesen Entwicklungsprozess entstehen unterschiedliche vorteilhafte Assimilationen an die Umwelt. Natürliche Selektion entsteht laut Darwin aus dem mannigfachen Reproduktionserfolg der

Individuen einer Art. Die erfolgreich reproduzierenden Individuen geben ihre vererbbaren Merkmale jeweils an die nächste Generation weiter. Ein Merkmal, das die *evolutionäre Fitness* steigert, erhöht die Überlebenschance und steigert auch die Reproduktionsrate. Entgegengesetzt werden nachteilige Fitnessverlustmerkmale seltener.

Die in der Evolution optimierten Verhaltensmuster des Steppenbewohners Pferd bringt es heute noch in seinen Genen mit. Die Domestikation der vergangenen fünftausend Jahre hat nur wenige Veränderungen und dabei keine wirklich durchgreifenden ausgelöst.

Die Entwicklung des heutigen Pferdes kann basierend auf fossilen Funden über 60 Millionen Jahre zurückverfolgt werden. Das älteste pferdeartige Huftier war der *Eohippus* (oder *Hyracotherium*). Dieses gerade mal zwanzig Zentimeter kleine fuchsähnliche Tier war in Europa, Asien und Nordamerika verbreitet.

Eohippus

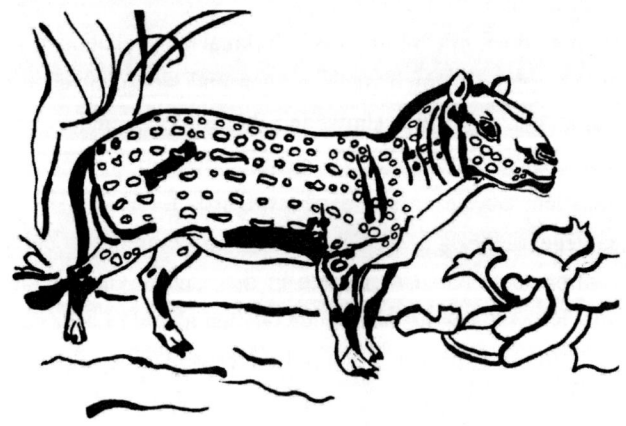

Der Pflanzenfresser besaß an den Vordergliedmaßen vier und an den Hintergliedmaßen drei Zehen. Die gefundenen Überreste deuten darauf hin, dass es bereits ein in kleineren Gruppen lebendes Herdentier war. Nach und nach passten sich diese Urpferde an ein Leben in einer Steppenlandschaft an. Sie überlebten nur in Teilen Amerikas, wobei sich nur die Tiere vermehrten, die sich aufgrund günstiger Merkmalskonstellationen bestmöglich an die Umweltbedingungen anpassen konnten.

Aus dem prähistorischen Pferd entwickelte sich im Laufe der weiteren natürlichen Auslese dann vor ca. 25 Millionen Jahren in Nordamerika der *Merychippus*. Er war bereits ein Grasfresser und im Stockmaß einen knappen Meter hoch. Als Einzeher lebten diese Tiere schon in größeren Verbänden zusammen und passten sich im Laufe ihrer Entwicklung dem Steppenleben an. Die weitere Erhöhung der Anzahl der Herdenmitglieder steigerte die Überlebenschance aller Tiere erheblich.

Merychippus

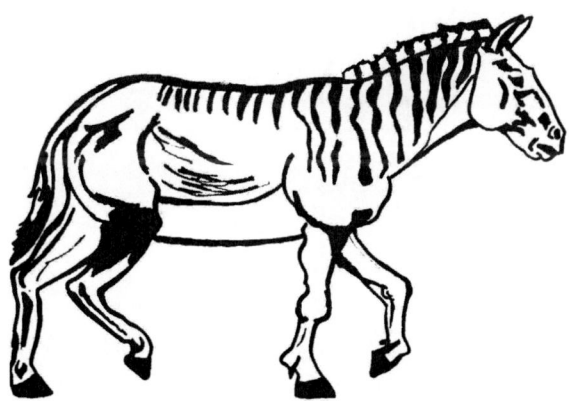

In den darauf folgenden 20 Millionen Jahren entwickelte sich mit dem *Pliohippus* ein Artvertreter, der unseren heutigen Pferden (*Equus*) in seiner optischen Erscheinung sehr ähnlich war. Durch Anpassungsleistungen an das Steppenleben besaßen diese Tiere neben nur noch einer Zehe bereits einen Huf. Auch ihre Gliedmaßen waren deutlich länger ausgebildet und die Fußflächen kurz und klein, womit sie sich wendig und schnell fortbewegen konnten. Ihr Verdauungssystem und ihre Sinnesorgane waren an ihre Umweltbedingungen optimal angepasst.

Pliohippus

Vor ca. einer Million Jahren besiedelten Pferde von Nordamerika aus Asien, Europa und Afrika. Während das Pferd in Nord- und Südamerika vor ca. zwölftausend Jahren unerwartet ausstarb, verbreitete sich ihre Population dicht auf allen übrigen Kontinenten.

Domestikation: Vom Steppenbewohner zum Haustier

Die Haustierwerdung des Pferdes begann vor ca. fünftausend Jahren. Die Menschen lebten in Gruppen und Siedlungen zusammen und verfolgten nicht mehr wie früher auf weitläufigen Gebieten ihre Beute, sondern bevorzugten aus praktischen Gründen ihre Fleischlieferanten direkt in ihrer Nähe. So hielten sie sich zunächst Ziegen-, Schafs- und Rinderherden. Anfangs fand das Pferd seine Verwendung im Wagenziehen, bevor man es als Reit- bzw. direktes Transportmittel entdeckte.

So überlebenswichtig, wie es für das Wildpferd war, Feinde möglichst früh zu erblicken, so entscheidend ist das auch für unsere domestizierten Pferde heute noch. Die während der Evolution stattgefundene größtmögliche Anpassung an die Umwelt ist auch für unsere Haustierpferde noch gültig. Unabhängig von Zucht und Arbeitseinsatz, anatomisch, morphologisch und verhaltenstechnisch sind unsere Pferde Steppenbewohner geblieben. Vor diesem Hintergrund müssen wir uns immer wieder die Bedürfnisse unserer Pferde vor Augen führen. Als hochsoziale und kommunikative Steppentiere brauchen sie dringend den Kontakt zu ihren Artgenossen in der Gruppe. Da Wildpferde ihre Nahrung über zwölf bis sechzehn Stunden pro Tag aufnehmen, benötigt unser Haustier Pferd ebenfalls stetig große Mengen energiearme und rohfaserreiche Nahrung.

Pferde in freier Wildbahn bewegen sich bei ihrer Nahrungssuche und Nahrungszufuhr langsam im Schritt voran. Entsprechend verlangt die Pferdehaltung auch die Möglichkeit zur fortwährenden Bewegung. Als Beutetiere können Pferde temporär hohe Geschwindigkeiten erreichen. Demgemäß reagieren auch domestizierte Pferde mit Flucht und benötigen hierfür Platz und Raum.

In der Evolution gleicht sich jede Tierart optimal an ihre ökologische Nische an. Diese Anpassung ist im Genom verankert. Dennoch existiert eine gewisse Bandbreite innerhalb der ererbten Veranlagungen. Gewiss hat es vor fünftausend Jahren auch Pferde gegeben, die einen weniger ausgeprägten Fluchtinstinkt hatten als andere. Sie reagierten geringfügiger ängstlich als der Durchschnitt ihrer Artgenossen auf die Annäherung vom Menschen. Ohne in dauerhafte Stresszustände zu verfallen, duldeten sie die ständige Anwesenheit von Menschen und konnten in Pferchen oder Ausläufen gehalten werden.

Diese vergleichsweise entspannten Tiere eigneten sich zur Zucht, während die chronisch gestressten sich nicht fortgepflanzt hätten. Der durchschlagende Unterschied zwischen den ursprünglichen Wildpferden und unseren domestizierten Pferden ist also die *Angstbereitschaft*. Unsere Pferde sind als Zuchtresultate sowohl gegenüber der Anwesenheit des Menschen als auch bezüglich individueller Angstauslöser deutlich toleranter eingestellt als es Wildpferde sind.

Unsere heute existierenden Pferdetypen stammen vermutlich alle von einer Wildpferdeart ab. In ihrer Optik voneinander abweichend passten sich unterschiedliche Pferdeunterarten an die damaligen landschaftlichen und klimatischen Bedingungen an. Der Mensch fand zu Anfang seiner Pferdezucht unterschiedliche Erscheinungsformen des Pferdes vor.

Pferdetypen aus warmen klimatischen Verhältnissen entwickelten kleine und harte Füße. Sie mussten sich den trockenen Bodenverhältnissen angleichen. Um die trockene Luft beim Einatmen anzufeuchten, hatten diese Tiere einen auffällig ausgebildeten Nasensinus. Hingegen forderte eine feuchte und kalte Witterung längliche

Nasenmuscheln. Durch diese evolutionäre Entwicklung konnten die Tiere die eingeatmete Luft auf dem Weg zur Lunge erwärmen.

Auf Schlamm- und Sumpfboden erwiesen sich große Füße mit weichem Horn als geeignet. Zu Beginn der Domestikation waren diese Pferdetypen der Ursprung für die weitere Zucht, wobei sich die heute bekannten Pferderassen sicherlich auf dem Fundament der mannigfachen Nutzungsanforderungen entwickelt haben. Während sich mutmaßlich zuerst nur ortsgebundene „Landrassen" bildeten, begannen die Menschen später neben dem Gebrauch auch den Aspekt der optischen Erscheinung in ihre Zuchtauswahl zu integrieren. Eine solche „Hochrasse" ist z. B. das Englische Vollblut. Unsere heutigen Pferdetypen spiegeln ihre ursprüngliche geografische Herkunft in ihrem äußeren Erscheinungsbild wider. Aber nicht nur der Phänotyp hat sich über die Jahrtausende vererbt, auch die fundamentalen Verhaltensschemata sind geblieben.

Evolutionäre Verhaltensmuster und ihre aktuelle Bedeutung

In ihrer gesamten Entwicklung verfolgen Pferde primär das Ziel, ihre *biologische Fitness* zu erhöhen und den Zugang zu allen überlebenswichtigen Ressourcen (Futter, Wasser, Sozialpartner, Territorium, Fortpflanzungspartner und Status) sicherzustellen. Der antreibende Katalysator zur biologischen Fitnesserhöhung und zum Ressourcenzugang ist die Emotion. Will ein Pferd seinen Zustand optimieren, so geht dies nur über Erregungszustände. Über emotionale Affekte gelangt es zur Motivation, und nur so kann es Entscheidungen zur Optimierung treffen. Eine Bedrohung erzeugt Angst, wodurch die Aktivität entsteht, die Bedrohung zu beseitigen und hierdurch seinen Zustand zu verbessern.

Vollständige Angstfreiheit wäre also kein vorteilhaftes Merkmal. Ein angstfreies Pferd stirbt, bevor es sich reproduzieren kann. Entweder wird es im Kampf getötet oder so schwer verletzt, dass es mit seinem Herdenverband nicht mehr mithalten kann.

Ständige Angstbereitschaft und Schreckhaftigkeit sind allerdings auch nicht geeignet zur Zustandsoptimierung. Vielmehr entstünden bei einem solchen Artvertreter chronische Stresszustände, die auf Dauer sowohl physische als auch psychische Krankheitsfolgen erzeugen würden. Entscheidend ist also das ausgeglichene Verhältnis zwischen Anspannung und Entspannung.

Léttfeti & Hjalti, Islandpferde
©Ulrike Riedesser

In der Evolution haben sich Mechanismen entwickelt, die die Ausgewogenheit von Angst und Wohlbefinden häufig auftreten lassen. Die Prägungsphase und einzelne Sozialisierungsprozesse in der Kinder- und Jugendzeit sind hierbei entscheidend. Jungtiere lernen ihre Umwelt realistisch einzuschätzen. Sie gewöhnen sich an Klima,

Bodenverhältnisse und Gruppenleben. Auch durchlaufen sie intensive Lernprozesse, um zwischen Feinden, Freunden und Familienangehörigen unterscheiden zu können.

Fohlen lernen aber sehr schnell, wer in jedem Fall ungefährlich ist. Hierzu zählen speziell die eigenen Artgenossen und die Herde, in die sie hineingeboren wurden. Vor allem Unbekannten haben sie hingegen Angst. Etwas Neues in ihrer Umgebung veranlasst Pferde genetisch zur Flucht. Als Steppenbewohner, Beute- und Fluchttiere empfinden sie darüber hinaus enge Räumlichkeiten (Box, Hänger) und körperliche Fixierung (Anbinden) häufig als bedrohlich.

Dennoch werden täglich unzählige Pferde weltweit entspannt angebunden, verladen und problemlos in ihre Box gebracht. Dies erklärt sich dadurch, dass Angstauslöser in einem begrenzten Rahmen erlernt, aber auch verlernt werden können. Lernvorgänge sind variabel und unterliegen entsprechenden Veränderungsoptionen. Selbst der einträglichste angeborene Angstauslöser hat wenig Zweckdienlichkeit, wenn nicht gleichzeitig auch Verhaltensstrategien angeboren sind. Bei Gefahr müssen diese Mechanismen intuitiv, unvermittelt und zielorientiert Anwendung finden.

Hierfür hat sich in der Evolution ein grundlegendes Prinzip zur Zustandsoptimierung entwickelt: das „Kampf-Flucht-System" (*Fight-Flight-System*). Es bestehen also in der Natur zwei paradoxe Wege, mit Lebensgefahr umzugehen. Eine Bedrohung kann entweder Flucht oder Aggressivität bzw. Angriff auslösen. Pferde bevorzugen tendenziell genetisch und evolutionär die Flucht als Problemlösung – allerdings nicht zwangsläufig. Ist die potenzielle Gefahr augenscheinlich nur gering und ist die Angstschwelle noch nicht massiv überschritten, so sparen sie Kräfte und verweilen an Ort und Stelle oder bewegen sich nur gering vorwärts. Bei einem Angriff auf dem eigenen Territorium entscheiden sie sich ggf. sogar für den Kampf und eine Auseinandersetzung.

QH, Quarabs & Araber, Tiernaturheilkundeschule Jochen Vock
©Britta Vock & www.tatanka-quarterhorses.de

Bietet das eigene Territorium ausreichend Ressourcen, z. B. viel sattes Gras und gute Schutzmöglichkeiten, sind Pferde wahrscheinlich nicht bereit, ihr Gebiet durch Flucht aufzugeben. Ihre Handlungsentscheidung ist abhängig vom Grad der Bedrohung und den bevorstehenden Nachteilen, die einer Konfrontation mit dem Feind innewohnen. Das Abwägen von Verletzungsrisiko, Energieaufwand und Erfolgschance bestimmt den Motivationszustand und damit auch die Handlungsbereitschaft.

Treibende Kraft ist vor allem die Emotion Angst. Angst kann aber auch neben Flucht und Angriff einen weiteren Mechanismus bei Gefahr auslösen. Speziell sehr junge Fohlen sind je nach Bedrohungslage weder schnell noch kräftig genug, um zu fliehen oder sich mit dem Feind auseinanderzusetzen. Sie greifen aus Überlebensgründen dann dazu, sich klein und unauffällig zu machen. Ist in der Natur ein Puma auf Beutesuche, nutzen Fohlen die Möglichkeit, sich zu verstecken. Auf diese Weise besteht die Chance, dass der Puma vorbeiläuft und die Beute nicht entdeckt.

Eine weitere optionale Strategie hat sich in der Evolution bei sozialen Säugetieren entwickelt. Zur Abwendung von Bedrohung treten sie in soziale Interaktion – dies allerdings vorwiegend bei Artgenossen, um Konflikte zu minimieren. Durch soziale Kommunikation beschwichtigen sie den Gegner. Diese deeskalierende Wirkung dürfte allerdings bei einem Puma ins Leere laufen. Derartige Demutsgesten versteht er nicht und würde von den Konfliktentschärfungsversuchen unbeeindruckt sofort angreifen.

Alles Pferdeverhalten bei Gefahr zielt immer darauf ab, einen räumlichen und/oder zeitlichen Abstand zu der Bedrohung bzw. zu dem Konflikt herzustellen. Zudem soll der eigene Zustand hierdurch verbessert werden. Die vier optionalen Strategien im Umgang mit empfundenen Bedrohungen werden *4 F´s* genannt:

1) *Flight* (Flucht): „Ich muss versuchen, schneller zu sein, als mein Feind, damit ich überlebe."

2) *Freeze* (Erstarren): „Wenn ich mich nicht bewege, kann der Gegner mich nicht sehen."

3) *Fight* (Angriff): „Ich muss stärker als der Angreifer sein, damit ich weiterleben kann."

4) *Flirt* (Soziale Kommunikation): „Durch ein Gespräch können wir uns einigen und damit den Konflikt auflösen."

Innerhalb des Herdenverbandes ist die soziale Kommunikation als deeskalierender Mechanismus zur Zustandsoptimierung das bevorzugte Mittel der Wahl bei Auseinandersetzungen. Dies setzt natürlich voraus, dass alle Mitglieder der sozialen Gruppe dieser Sprache mächtig sind. Konflikte sollen durch Interaktion und Verhandlung abgemildert werden.

QH, Quarabs & Araber, Tiernaturheilkundeschule Jochen Vock
©Britta Vock & www.tatanka-quarterhorses.de

Bringt allerdings eine Kommunikationseinheit nicht den versprochenen Erfolg, so können Pferde ihre Strategie schnell ändern. Sie schwenken von Dominanz- und Demutsgesten um zu Aggressionsverhalten (Angriff) oder entscheiden sich kurzfristig doch für die Flucht. Auch wechseln sie ggf. – je nach Nützlichkeit – mehrfach ihre Verhaltensstrategie, wobei sich ein Lerneffekt einstellt.

Im Laufe ihres Lebens erfahren und speichern Pferde ab, welcher Mechanismus in welcher spezifischen Situation den höchstmöglichen Erfolg zur Zustandsoptimierung bietet.

Zukünftig wenden sie dann besonders die Strategie an, die die wenigste Energie kostet und gleichzeitig das Verletzungsrisiko gering hält. Die förderlichste Konfliktlösung ist also die mit dem erfahrungsgemäß günstigsten Ergebnis. Entsprechend soll jedes gezeigte Verhalten und jeder Lernvorgang der Verbesserung des eigenen Zustandes langfristig dienlich sein. Dieser Grundsatz gilt auch heute noch für unsere domestizierten Pferde.

Auch wir Menschen durchlaufen Entwicklungsprozesse. Im Vergleich zu unseren Pferden lernen wir allerdings häufig über Versuch und Irrtum (*trial and error*). Bei dieser heuristischen Methode wird so lange nach einer Lösungsmöglichkeit für ein Problem gesucht, bis eine adäquate gefunden wurde. Diese Vorgehensweise ist für Pferde völlig unsinnig und mit zuviel unnötigem Aufwand verbunden. Ein erfolgloser Versuch wäre in der Natur ggf. ein tödlicher Irrtum.

„Pferdeverstand ist das, was Pferde davon abhält,
auf künftiges Verhalten der Menschen zu wetten."
(Oscar Wilde)

Bijou van de Lucky Farm, Belgische Kaltblutstute (9)
©Jessica Schmidt

▶ Evolution findet dann statt, wenn neue Varianten häufiger oder seltener auftreten (*Natürliche Selektion*).

▶ Der Überlebensfähigste setzt sich in der Natur durch.

▶ Die in der Evolution optimierten Verhaltensmuster bringen Pferde heute noch in ihren Genen mit.

▶ Als kommunikative Steppentiere brauchen Pferde dringend Kontakt zu Artgenossen.

▶ Pferde benötigen stetig ausreichende Mengen energiearmer und rohfaserreicher Nahrung.

▶ Pferdehaltung verlangt die Möglichkeit zur Bewegungsfreiheit.

▶ Der Unterschied zwischen den ursprünglichen Wildpferden und unseren domestizierten Pferden ist die Angstbereitschaft.

▶ Pferde verfolgen primär das Ziel, ihre *biologische Fitness* zu erhöhen und den Zugang zu allen Ressourcen sicherzustellen.

▶ Eine Bedrohung kann entweder Flucht oder Aggressivität bzw. Angriff auslösen. (*Fight- Flight- System*)

▶ Alles Pferdeverhalten bei Gefahr soll einen räumlichen und/oder zeitlichen Abstand zu der Bedrohung herstellen.

Valentinogun, Quarter Horse-Hengstfohlen
©Anja Deutzmann & www.ad-reiners.de

Norbert, Noriker-Hengst (1,5) ©Sylvia Jansen

4

(Körper-)Sprache und Kommunikation

„Aus vielen Worten entspringt ebensoviel
Gelegenheit zum Missverständnis." *(William James)*

Unter Kommunikation wird ein umfassendes System verstanden, welches Lebewesen ermöglicht, miteinander in Interaktion zu treten. Ein Sender übermittelt einen Informationsgehalt an einen Empfänger. Menschen kommunizieren sowohl auf Sachebene als auch auf Beziehungsebene. Wir tauschen Bestimmung und Festlegung unserer Beziehungen aus – auch ohne diese direkt auszusprechen. Wir bestätigen einander, lehnen den anderen ab oder werden abgelehnt.

Kommunizieren und gemeinsames Handeln verlangen, dass die beteiligten Partner aufeinander eingehen, sich angleichen und versuchen, einander zu verstehen. Für einen gelingenden Informationsaustausch ist voraussetzend, dass alle beteiligten Interaktionspartner den ausgetauschten Signalen denselben Inhalt zusprechen. Werden Informationen hingegen unterschiedlich gedeutet, entstehen zwangsläufig Kommunikationsprobleme und in der Folge Konflikte. Den Erfolg eines Kommunikationsversuches kann der Sender am Verhalten des Empfängers überprüfen. Entspricht es nicht dem ursprünglich gewollten Verhalten, so gibt es offensichtlich Missverständnisse. Besonders bei komplexeren Sachverhalten und Signalen entstehen schnell Irrtümer. Dies gilt sowohl für die menschliche Kommunikation als auch für die Interaktion zwischen Pferd und Mensch.

Wollen wir mit unseren Pferden gelingend und mit geringem Konfliktpotenzial kommunizieren und ihr Wesen und Körpersprache begreifen, so müssen wir zuerst uns selbst verstehen. Wer sich nicht mit sich selbst auseinandersetzt, hat kaum eine Chance, sein Pferd zu ergründen. Der Schlüssel zum wirksamen Miteinander ist die analytische und kritische Sicht auf die eigene Kommunikationsfähigkeit und Körpersprache. Nur hierdurch ist der Weg zu einem gemeinschaftlichen Miteinander geebnet. Das Verständnis für unser ureigenes Wesen verhilft uns zu einem Feingefühl für das Pferd.

„Wahre Mitteilung findet nur unter Gleichgesinnten, Gleichdenkenden statt." *(Novalis)*

Die menschliche Kommunikation

Menschen unterscheiden sich erheblich in ihrem Auftreten und in ihrer Persönlichkeit voneinander. Auch kann dieselbe Person in der einen Situation kooperativ und in einer anderen Situation borniert oder eigensinnig sein. Verstehbare Kommunikation und gemeinsames Handeln sind aber Voraussetzungen für ein gemeinschaftliches Miteinander. Auf das Einfühlungsvermögen des Gesprächspartners ist jeder angewiesen, wenn er diesem eine Mitteilung macht, weil er von ihm eine bestimmte Reaktion oder Handlung erwartet. Probleme ergeben sich da, wo eine genaue Zieldefinition undeutlich bleibt. Das, wofür jemand ursprünglich eintreten möchte, ist bei einem Konflikt ungenau oder widersprüchlich.

Eine Verdeutlichung der eigenen Bedürfnisse und Ziele ist also notwendig. Nur eine Kombination aus Angleichung und Verständnis sowie dem Vertreten der eigenen Zielvorstellungen ermöglicht gegenseitiges Verstehen. Wenn Menschen kommunizieren, sehen sie sich aber mit einem Dilemma konfrontiert: 1. sie möchten ihre Besonderheit präsentieren und 2. müssen sie gleichzeitig über Einfühlungsvermögen verfügen, um sich ihren verschiedenartigen Partnern verstehbar und wahrnehmbar zu machen. Diese Zwangslage ist die eigentliche Schwierigkeit in der menschlichen Kommunikation.

Angenommen eine Person weigert sich zu kommunizieren, so wird sie dennoch nonverbale Signale aussenden und von anderen bewertet werden – ob sie dies nun will oder nicht. Alle Menschen beurteilen andere und werden beurteilt, ob sie augenblicklich reden oder nicht. Als Individuen entwerfen Menschen fortwährend Vorstellungen voneinander, wobei hierbei nicht unbedingt verbale Kommunikation stattfinden muss. Gestik und Mimik (Körpersprache) ist ohnedies aussagekräftiger als alles, was explizit ausgesprochen wird. Dies gilt für den Umgang mit Menschen, aber nicht minder für den Umgang mit Pferden.

Neben dem sachlichen Informationswechsel tauschen alle Menschen also auch permanent Definitionen über sich selbst und ihren Gesprächspartner aus. Auf Beziehungsebene wird das gegenseitige Verhältnis zueinander bestimmt. Dies geschieht, auch ohne dass sich verbal ausgetauscht wird. Die Körpersprache ist universell verständlich und zudem auch international. Zwei Lebewesen müssen nicht dieselbe Sprache sprechen, um sich gegenseitig zu definieren. Arthur Schopenhauer, seiner Zeit voraus, formulierte demgemäß:

> *„Wer klug ist, wird im Gespräch weniger an das denken,*
> *worüber er spricht, als an den, mit dem er spricht."*

Um erfolgreich miteinander zu sprechen und Beziehungen zu Mensch und Pferd zu festigen, müssen erst einmal die eigene Rolle und die Rollenerwartungen vonseiten der Umwelt erkannt werden. Nur durch einen Perspektivenwechsel kann dies gewinnbringend verlaufen. Es muss sich in die Sichtweise und in die Empfindungen des Gegenübers versetzt werden.

Im Laufe eines jeden Lebens werden Erfahrungen gesammelt und das Bild, das jemand selbst von sich hat, mit dem Bild verglichen, das andere Menschen von ihm haben. Dieser notwendige Vorgang vollzieht sich vornehmlich über Kommunikation. Über Interaktion treten Lebewesen zueinander in Beziehung und senden und empfangen Nachrichten. Schulz von Thun unterscheidet hierfür vier unterschiedliche Ebenen:

1) Über den *Sachinhalt* werden Informationen mitgeteilt,
2) über die *Selbstoffenbarung* wird etwas über sich selbst mitgeteilt,
3) über den *Beziehungsaspekt* wird mitgeteilt, was von dem anderen gehalten wird und wie man zueinander steht und
4) über den *Appell* wird mitgeteilt, wozu der andere veranlasst werden soll.

Daraus ergeben sich häufig Missverständnisse, Konflikte und Auseinandersetzungen. besonders dann, wenn ein Gesprächspartner wenigstens eine der vier Ebenen abweichend auslegt. Um dem entgegenzuwirken, sollte der Mitteilende auf der Sachebene Daten, Fakten und Informationen so klar und verständlich wie möglich ausdrücken, denn der Zuhörer wird mitgeteilte Aussagen sehr genau prüfen. Umso vertrauter Menschen miteinander sind, umso unkomplizierter kann dieser Vorgang ablaufen.

Jede menschliche Äußerung soll in der Regel auch eine Wirkung in der Folge veranlassen. Spricht der Redner jemanden konkret an, so soll dieser meist auch ein bestimmtes Verhalten zeigen oder unterlassen. Dies kann direkt geschehen, indem der andere höflich gebeten oder ehrlich aufgefordert wird. Hier besteht eine geringe Gefahr, missverstanden zu werden.

Im Vergleich zu Pferden tendieren Menschen aber vielmehr dazu, andere zu Selbstzwecken zu manipulieren und zu beeinflussen. In einem solchen Fall werden versteckte Befehle ausgesendet bzw. empfangen. Das Konfliktpotenzial ist bei einer derartigen Vorgehensweise weitreichend, da der Widerspruch zwischen körperlichen und sprachlichen Signalen auseinanderklafft.

Sind die gegenseitig ausgetauschten Mitteilungen dagegen stimmig und sowohl Inhalt als auch Körpersprache passen zusammen, besteht wenig Anlass zu Missverständnissen und Streitigkeiten.
Die Körpersprache verrät früher oder später alles Verborgene. Gestik, Mimik und Tonfall lösen verschiedene (emotionale) Reaktionen aus. Die menschliche Kommunikation ist mehrdeutig und kann mannigfach decodiert werden. So kann ein Lachen sowohl Freundschaft als auch Verhöhnung ausdrücken. Wir weinen vor Kummer und Leid, aber auch bei Glücksgefühlen. Diese nonverbalen Gefühlsäußerungen bedürfen, wenn sie denn ehrlich sind, keiner weiteren Erklärung.

Eines der beständigsten Probleme in der alltäglichen menschlichen Verständigung ist der Widerspruch (*Paradoxie*). Getroffene Aussagen sind nicht kompatibel. Einen solchen Zustand kennen Pferde indessen nicht. Erfolgreiche nonverbale und/oder verbale Interaktion setzt Widerspruchslosigkeit voraus. Bei gelingender Kommunikation zwischen Lebewesen (unabhängig ob Mensch und/oder Pferd) legen alle beteiligten Partner dieselben Sachverhalte fest und legen sie auf dieselbe Weise aus.

Wie Pferde sich untereinander ausdrücken
Pferde kommunizieren bewusst, also mit einer zuvor festgelegten Zielvorgabe, und/oder sie interagieren auf intuitiver Ebene. Droht

beispielsweise ein Hengst einem anderen durch Imponiergehabe, so tut er dies gezielt und beabsichtigt. Selbstverständlich bemerkt das Umfeld (die Mitglieder seiner Herde) sein Verhalten ebenfalls, allerdings sind sie nicht direkt angesprochen. Die Interaktion findet konkret zwischen den beiden Hengsten statt. Missverständnisse bleiben hier aus.

Kommunikation kann aber auch stattfinden, indem das Pferd als Sender ziellos Informationen und Signale verschickt. Dies geschieht beispielsweise, wenn Pferde ein Territorium mit Urin oder Kot markieren. Auch wenn das markierende Pferd das Areal lange verlassen hat, werden seine hinterlassenen Informationen mehrere Empfänger erreichen. Die Adressaten kann es jedoch nicht mehr substanziell festlegen. Dies entzieht sich seinem Einfluss.

Pferde kostet das Senden von Informationen Energie. Besonders Hengste leben mit dem Konflikt, durch laute Kommunikationssignale einerseits Fortpflanzungspartner anzulocken, andererseits aber auch Feinde auf sich aufmerksam zu machen. Sehr laute Signale sind im Vergleich zu Pferden vorwiegend bei Arten etabliert, die in der Nahrungskette als Raubtiere deutlich höher angesiedelt sind oder deren Flucht schnell und unkompliziert jederzeit ausführbar ist.

Als Flucht- und Beutetiere haben Pferde indessen ein überaus differenziertes und vielschichtiges Kommunikationssystem entwickelt. Dies ermöglicht ihnen untereinander leise, aber effektiv zu interagieren und Kooperation sowie Konkurrenz im sozialen Miteinander zu regeln. Die gelingende Zusammenarbeit im Herdenverband ist für alle Beteiligten überlebensnotwendig.

Innerhalb ihrer sozialen Bezugsgruppe kommunizieren Pferde vornehmlich über Ausdrucksverhalten und nur zweitrangig über Berührungen oder Gerüche. Erst wenn Mimik und Gestik nicht den erwünschten Erfolg bringen, setzen sie Geräusche ein.

Lautäußerungen erzeugen Pferde überwiegend mit dem Kehlkopf, wobei speziell das *Wiehern* über Kilometer hinweg hörbar ist. So sollen beispielsweise Fohlen durch das laute Wiehern der Mutterstute zurück zur Herde finden. Bei der Zusammenführung aller Gruppenmitglieder spielt das Wiehergeräusch eine tragende Rolle. Es dient der Kontaktaufnahme und auch der liebenswürdigen Begrüßung untereinander.

Bei hohem Stress- und Erregungslevel *quietschen* Pferde, um sich zu verteidigen oder Frustrationen kundzutun. Auch weist dieses Geräusch auf die Emotion Angst hin und soll eine mögliche Bedrohung auf räumliche und/oder zeitliche Distanz bringen. Rossige Stuten quietschen außerdem bei der Begegnung mit einem Hengst. Quietschen kann auch ein Begrüßungsritual mit plötzlich hochgezogenem vorderem Bein sein.

Pferde machen bei Schmerzen aus Selbstschutzgründen nicht lautstark auf sich und ihr Leid aufmerksam. *Stöhnen* oder *Grunzen* kann aber ein Hinweis auf Schmerzempfinden sein. Aggressiv ausgetragene Auseinandersetzungen oder das Untersuchen von interessanten Duftnoten können ebenfalls beide Geräusche auslösen.

Zur Begrüßung oder bei einem angenehmen Ereignis *brummen* Pferde ausgiebig. Hengste brummen, um eine Stute zu umwerben, und Stuten, um die Bindung zum Fohlen zu stärken.

Schnauben tritt sowohl bei Furcht, Schmerz und Ängstlichkeit auf als auch beim Lösen während der Arbeit.

Erregung und große Angstgefühle vor einer Bedrohung lösen sog. *Schnaufen* aus. Dies zeigt sich durch schnelles Ausatmen und weist auf einen erhöhten Anspannungszustand hin.

Über gegenseitiges Beknabbern pflegen Pferde ihre Beziehungen und sozialen Bindungen zueinander. Berührungen sind in der Pferdekommunikation von hoher Bedeutung. Bisweilen drücken sie auch Körperteile oder den gesamten Körper aneinander und bekunden damit ihre gegenseitige Zuneigung. Taktile Kommunikationsformen lernen Fohlen durch die Mutterstute. In den ersten Lebenswochen beknabbert die Mutter ihr Fohlen, um mit ihm zu kommunizieren und ihm Sicherheit zu vermitteln. Das Fohlen überträgt diese Interaktionsform zunehmend auf den Umgang mit Gleichaltrigen. Beobachtbar ist dieser Vorgang, wenn Pferde sich gegenseitig zum Spielen auffordern. Da sie in der Kommunikation durch Berührungen gegenseitig Körperkontakt aufnehmen und dies ein Verringern der Individualdistanz voraussetzt, findet diese Interaktionsform nur bei entspannten Rahmenbedingungen statt und auch meist unter befreundeten Tieren.

Neben der direkten Kommunikation über Berührungen kommunizieren Pferde vor allem über ihr Ausdrucksverhalten. Körper- und Kopfbewegung verraten viel über den aktuellen (emotionalen) Zustand. Die Mimikvariationen einzelner Körperelemente wie z. B. die Stellung der Ohren, Lippen und Augen geben Aufschluss über Motivation und zukünftige Handlungsoptionen. Vier zusammenfassende Ausdrucksversionen lassen sich voneinander abgrenzen:

1) **Soziale Annäherung**: Dieses Verhalten findet in einem entspannten und freundlichen Gefüge statt. Die Pferde unterschreiten die jeweilige Individualdistanz und kommunizieren über Berührungen miteinander.

2) **Agonistische Verhaltungsweisen**: Bei Kontroversen setzen Pferde Drohungen, Aggressionen oder Flucht ein.

3) **Imponiergehabe**: Als verletzungsrisikoarme Variante wird im Kampf um Ressourcen beeindruckt und eingeschüchtert.

4) **Deeskalierendes Verhalten**: Um Konflikte klein zu halten, zeigen Pferde untereinander durch Rückzug, Weichen und

Demutsgesten, dass sie von Streitigkeiten Abstand nehmen und gerne verhandeln möchten. Ein beginnender Konflikt kann auch über das typische Spielgesicht und entsprechende Körpersprache als entschärfendes Verhalten eingesetzt werden.

Neben den angeführten optischen Kommunikationsvarianten lassen sich weitere sog. *Displays* umreißen:

► Entspannung und Gelöstheit,
► Aufmerksamkeit und Interesse,
► Angst und Furcht sowie
► Stress und Anspannung.

Es können bei Gestik und Mimik verschiedene körperliche Ausdruckselemente bei z. B. *Drohverhalten, Angst bzw. Furcht* und *Unterwerfung (Submission)* ausgemacht werden:

► **Ohren**: Besonders der Richtungswechsel der Ohren ist ein Signal für eine emotionale Veränderung. Flach nach hinten an den Kopf angelegte Ohren signalisieren unmissverständliches Drohverhalten. Je angespannter der Nacken, desto nachdrücklicher ist die Mahnung. Werden die Ohren hingegen leicht gegen das Genick gekippt, so hat das Pferd vermutlich nur etwas Interessantes hinter sich entdeckt und möchte mehr darüber in Erfahrung bringen. Ein einem anderen Lebewesen (auch dem Menschen) zugewandtes Ohr bekundet Interesse, auch, wenn das Pferd sein anderes Ohr abwendet. Da Pferde als Fluchttiere ihre Umgebung immer auf potenzielle Gefahren hin überprüfen, sind sie imstande, ihren Fokus analog auf unterschiedliche Signale zu konzentrieren. Entspannte Pferde tragen ihre Ohren locker und entkrampft, während gestresste Pferde ihre Ohren deutlich nach oben in Richtung Stimulus spitzen, um besser hören zu können. Ein weichendes Pferd, das aus Unterwürfigkeit den Rückzug antritt oder etwas Angst einflößendes entdeckt hat, signalisiert dies über hängende Ohren, die leicht seitlich gedreht sind oder nach hinten zeigen.

► **Maulbereich**: Der gesamte Maulbereich gibt Aufschluss über den aktuellen Zustand des Pferdes. Bei starker Beunruhigung, Angst oder Schmerzen sind die Lippen angespannt und die Nüstern aufgerissen. Bei unterwürfigen Gesten hängt die Unterlippe häufig entspannt herab, wobei das Pferd meist Kaubewegungen mit dem Maul macht. Etwas Unbekanntes untersuchen Pferde mit gespitzten Lippen.

► **Kopf- und Halsbereich**: Aufgeregte Pferde schmeißen ihren Kopf fahrig hoch oder bewegen ihn nervös von der einen zur anderen Seite. Die drohende Annäherung an ein anderes Lebewesen wird meist begleitet mit einem tiefen Kopf und einem gestreckten Hals. Einen ähnlichen Körperausdruck nehmen Hengste bei der typischen Treibhaltung ein. Stuten bedienen sich einer abgeschwächten Variante dieser Geste, wenn sie ein ungesittetes Jungpferd aus Erziehungsgründen aus der Herde verstoßen.

► **Körper**: Auch vom Hals abwärts zeigen Pferde je nach Emotion unterschiedliche Stufen von Anspannung und Entspannung. Die Bewegungen können hierbei sehr weiträumig oder ganz klein und kaum bemerkbar sein.

► **Schweif**: Der Schweif ist eine Antenne für den Erregungszustand von Pferden. Bei Aufregung schlagen sie mit dem Schweif auf abwechselnden Höhen hin und her, und bei Unsicherheit wird er niedrig gehalten. Ein imponierendes Pferd trägt den Schweif auffällig hoch.

Gestik und Mimik arbeiten in der Pferdekommunikation immer simultan zusammen. Die Körpersprache steht bei Pferden im Zentrum ihrer Verständigung. Laute sind weniger wichtig.

Der innere Zustand des Pferdes ist von außen beobachtbar und einschätzbar. Sie verraten anderen Lebewesen immer durch ihre Körpersprache ihren aktuellen Gefühls- und Motivationszustand. Ein Pferd, das beispielsweise mit seitlich herunterhängenden Ohren, entspannter Unterlippe und entlastetem Hinterbein auf der Weide steht, fühlt sich absolut in Sicherheit.

Ein Pferd, das allerdings Kopf und Hals aufrecht hält und mit Ohren und Augen die Gegend absucht, ist alles andere als entspannt. Es hat den Auftrag, die Umgebung nach Feinden abzusuchen, und ist immer angespannt und aufmerksam, wobei es garantiert kein Bein entlastet hat.

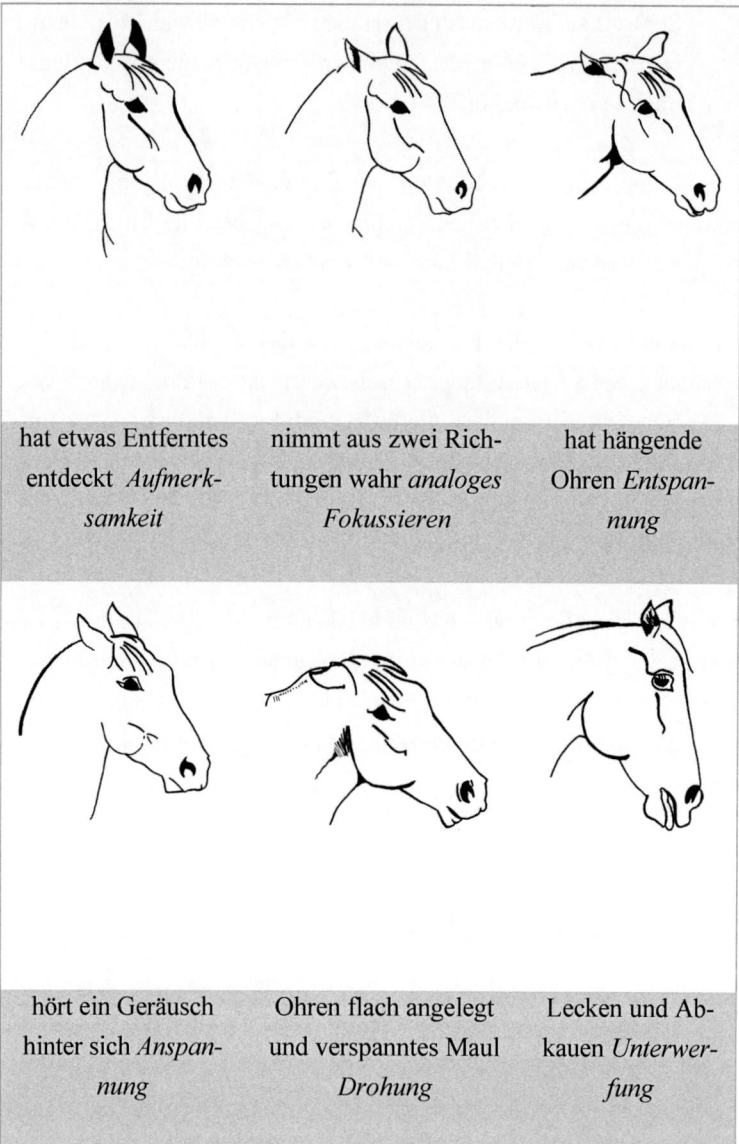

hat etwas Entferntes entdeckt *Aufmerksamkeit*	nimmt aus zwei Richtungen wahr *analoges Fokussieren*	hat hängende Ohren *Entspannung*
hört ein Geräusch hinter sich *Anspannung*	Ohren flach angelegt und verspanntes Maul *Drohung*	Lecken und Abkauen *Unterwerfung*

Bei Konflikten und Auseinandersetzungen durchlaufen Pferde verschiedene Eskalationsabstufungen. Aus leichten Drohgebärden können offensive Aggressionen wachsen, wenn der Kommunikationspartner die Signale missachtet und sein missbilligendes Verhalten fortsetzt. Geringes Einschüchtern äußert sich an einem mahnenden Drohgesicht und eventuellem Anrempeln und Wegschieben des anderen. Aufstampfen mit dem Huf und Steigen sind Imponiergehabe und sollen auch eine Warnung darstellen.

Beginnt das Pferd durch Beißen und Schlagen einzuschüchtern, hat die Drohsituation einen massiveren Charakter. Hierbei werden Beißbewegungen mit dem Maul und den Zähnen in die Richtung des Kontrahenten durchgeführt oder das Pferd dreht sich mit der Hinterhand zum Gegenspieler und droht mit den Hufen auszuschlagen. Beides verläuft ohne Körperkontakt. Bei offensiv aggressiven Angriffen wird hemmungslos gestiegen, geschlagen und gebissen. Rivalisierende Hengste zeigen dieses Vorgehen in Kampfsituationen um Ressourcen.

Treibhaltung

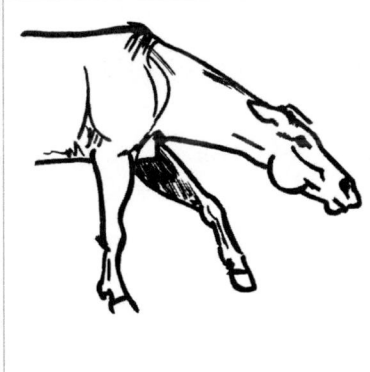

Dieser Hengst drückt Wut und Aggression aus. Als letzte Warnung droht er einem Eindringling offensiv. Er hat die Ohren angelegt, seinen Hals lang und zeigt mit der Nase auf den Feind. Die Vorderbeine sind leicht eingeknickt und sein Kopf befindet sich kurz über dem Boden.

Als soziale Lebewesen sind Pferde darauf angewiesen, dass sie die sozialen Spielregeln verstehen. Rang anmaßende Gesten müssen in den Kontext des Geschehens passen, um darauf adäquat reagieren zu können. Ein Beispiel hierfür ist das *Ab- bzw. Leerkauen*. Kauen und Lecken sind Demutsgesten, wobei das Pferd mitunter den Kopf absenkt und seinen Körper durch leicht eingeknickte Beine niedriger hält. Dieses Verhalten hat seinen Ursprung in der Gestik eines Fohlens, das bei seiner Mutter zum Saugen ansetzt. Aus einem Nahrungsaufnahmeritual wird im Laufe des Lebens und der Lernvorgänge ein Verhalten im Sozialkontext. Abkauen signalisiert im Miteinander Unterwürfigkeit, um Konflikte zu entschärfen. Diese Beschwichtigungsgeste wird von allen sozialisierten Pferden verstanden und verhindert aggressiv offensives Verhalten. Darüber hinaus scheint das Kauen eine beruhigende Wirkung auf den Kauenden selbst zu haben, wobei ein Stressabbau stattfindet und damit Entspannung einsetzt (*Übersprungshandlung*). Beschwichtigungsverhalten geht immer eine bestimmte Bedrohungssituation voraus.

Abkauendes Fohlen

Leerkauen kann in unterschiedlichen Formen in Erscheinung treten:

1) als Beschwichtigung in einer Auseinandersetzung (*Demut*) oder

2) als *Übersprungshandlung*, die geeignet ist, Stress abzubauen.

Das im Status höher stehende Pferd vermindert den Abstand zum Leerkauenden in der Regel nicht aktiv. Normalerweise versteht das ranghöhere Pferd den Versöhnungsversuch, beide lassen voneinander ab und der Konflikt ist entschärft. Zuweilen sendet das ranghöhere Pferd dem Leerkauenden auch Signale, die ihm mitteilen, dass es die Distanz verringern darf. Überschreitet das rangniedere Tier ohne Einverständnis die Individualdistanz des anderen, so kann dieses trotz vorangegangenen Leerkauens noch aggressiv reagieren.

Interaktion zwischen Pferd und Mensch

Wie wir gesehen haben, praktizieren Pferde ebenso akustische Kommunikation untereinander – wenn auch nur sekundär. Vor diesem Hintergrund ist es nicht abwegig, als Mensch auch mit seinem Pferd zu sprechen. Unsere Stimme ist überwiegend beständig und weist einen hohen Grad der Wiedererkennung auf. Besonders geeignet für die verbale Interaktion mit dem Pferd sind die seiner Natur entsprechenden Töne, die Pferde auch untereinander verwenden. Um uns unserem Pferd verständlich zu machen, ist es also sinnig, vor allem die Laute und Tonmelodien zu imitieren, die es bereits kennt. Zum Beispiel signalisiert das Prusten durch die fast geschlossenen Lippen dem Pferd Entspannung. Fröhliche Laute gepaart mit einer freundlichen Grundstimmung haben eine animierende und motivierende Wirkung auf Pferde.

Darüber hinaus ist es je nach Situation auch zweckmäßig, gegenüber einem unerzogenen Pferd die Stimme ausdrücklich zu heben. Bei einem Angriff vonseiten des Pferdes in Richtung Mensch kann es angebracht sein, wenn der Mensch sich durch laute und deutliche Worte Respekt verschafft. Lärmendes Brüllen ist in der Pferdesprache absolut gebräuchlich und verfehlt seine Wirkung nicht. In dem Augenblick, in dem sich das angreifende Pferd entspannt und weicht, muss auch zeitnah der menschliche Stimmeinsatz deutlich abnehmen und zu einem freundlichen Miteinander auffordern. Pferde sind nicht über eine Konfliktsituation hinaus böse oder nachtragend. Ist die Auseinandersetzung vorüber, so gehört auch die negative Stimmungslage der Vergangenheit an.

Ein Pferd also einmal kräftig anzuschreien, bevor man getreten wird, kann durchdacht eingesetzt Erfolge erzielen. Wer sein Pferd aber kontinuierlich aus einer versteckten Angst heraus anbrüllt, wird wenig Positives erreichen.

Da Pferde ein äußerst sensibles Gehör haben und laute Geräusche unangenehme Gefühlszustände bei ihnen auslösen, sollte das Brüllen Extremsituationen vorbehalten sein. Darüber hinaus muss der Einsatz der eigenen Stimme nicht nur situationsangepasst sein, sondern zudem auch ehrlich gemeint sein. Unsicherheit und verborgene Hilflosigkeitsgefühle beim Menschen empfangen Pferde uneingeschränkt und gnadenlos.

Eine Person, die andere Mitmenschen durch autoritäres Dominanzverhalten beeindrucken kann, um eigene Absichten durchzusetzen, kann das bei Pferden noch lange nicht. Pferde sind zutiefst irritiert und erstaunt über hilfloses Geschrei, welches seinen Ursprung in einer tief verwurzelten Kontrollverlustangst hat. Nur ein wirklich souveräner und aufrichtiger Mensch, der im Einklang mit seinen Emotionen agiert, kann mit dem Pferd gelingend kommunizieren und vertrauensvoll interagieren. Angestaute Wut, unterschwellige Aggressionen oder Selbstwertprobleme und verkappte Unsicherheiten wird das Pferd immer spiegeln. Rudolph G. Binding drückt es wie folgt aus:

„Das Pferd ist dein Spiegel.
Es schmeichelt dir nie.
Es spiegelt dein Temperament.
Es spiegelt auch seine Schwankungen.

Ärgere dich nie über ein Pferd;
du könntest dich ebensowohl
über deinen Spiegel ärgern.“

Überdies können zwei Formen des akustischen Verstehens vonseiten des Pferdes differenziert werden:

1)   Die akustische Nachahmung der natürlichen Instinkte des Pferdes (z. B. *Prusten* als Wohlgefühl) und
2)   das Erlernen bestimmter akustischer Signale in Verbindung mit gewünschtem Verhalten (z. B. *Brrrrr* oder *Whoa* als Signal zum Anhalten).

Die abstrakte menschliche Sprache sind Pferde zweifelsohne nicht imstande zu verstehen. Der Mensch ist also im Gespräch mit dem Pferd vor allem auf seine Körpersprache angewiesen. Ähnlich verhält es sich, wollen wir uns mit einer Person aus einem anderen Kulturkreis verständigen. Hierzu benötigen wir eine hervorragende Beobachtungsgabe und viel Einfühlungsvermögen, um uns gegenseitig zu verstehen. Je geschickter wir Gestik und Mimik unseres Gegenübers deuten, umso harmonischer und gewinnbringender erfolgt die Unterhaltung. Dies gilt auch für den Dialog mit Pferden.

Wer über die allgemeine Verständigung hinaus auch Instruktionen erteilen möchte, um gewünschte Reaktionen hervorzurufen, sieht sich einer deutlich sensibleren Aufgabe gegenübergestellt. Viele

Pferdebesitzer erteilen ihren Pferden „Kommandos" und erwarten promptes Funktionieren und Befehlsausführung. Dieser einseitigen Kommunikationsstrategie fehlt häufig die Bereitschaft, auf die Körpersignale des Pferdes zu achten. Auch das Pferd möchte sich mitteilen und gibt unentwegt Rückmeldung, ob es uns versteht oder nicht. Auch wollen uns Pferde ebenso zu Reaktionen veranlassen. Wer auf die Zweiseitigkeit eines Gedankenaustauschs verzichtet, der verringert den gesamten Interaktionsprozess auf nur eine Perspektivendimension – und zwar auf die eigene. Sehen wir nur uns selbst, so werden wir bei anderen nichts erreichen können. Gemeinsames Handeln und Interagieren sind daher nicht möglich. Wer erwartet, verstanden zu werden, muss auch verstehen können:

„An allen wertvollen Gesprächen hat der,
der zuhört, fast ein größeres Verdienst als der,
der spricht. Zuhören können ist immer ein
Beweis von Eigenwert." (Sigmund Graf)

Pferde sind imstande, sich lohnend in einen Dialog einzubringen. Sie sind in der Lage, unsere Mitteilungen zu entschlüsseln und ihrerseits darauf zu reagieren und in einen gemeinsamen Fortschritt zu investieren.

Neben den erlernten Signalen bzw. Kommandos und den entsprechenden Reaktionen ist ein Pferd immer gewillt, uns seinen derzeitigen emotionalen Zustand mitzuteilen. Die menschliche Körperhaltung, Mimik und Intonation ist es in der Lage zu decodieren und zu interpretieren. Wir müssen uns nur vertrauensvoll darauf einlassen und Respekt vor dem Verstehen und den Mitteilungsversuchen des Pferdes haben. Es wird es uns danken.

Dandy (22), Halbblut-Wallach & Petra Lang
©PeLa Fotografie & www.pela-fotografie.de

Als soziale Wesen erfassen Pferde intuitiv das Zusammenwirken aus Körperausdruck, akustischen Signalen und emotionaler Einstellung. Die begrifflichen Äußerungen nimmt es hierbei gewiss deutlich weniger wahr als die tatsächliche innere Haltung seines Interaktions-partners. Wegen seines instinktiven Empfindens für Kommunikation und seiner naturgemäßen sensiblen Gefahreneinschätzung kann ein Pferd sehr deutlich unterscheiden zwischen Gesagtem und Gemein-tem. Nicht wenige Pferdebesitzer sind verunsichert, dass, obwohl sie ihr Pferd zu beruhigen versuchen, dasselbe in genau diesem Moment das Weite sucht und abhaut. Was hier wirklich passiert ist, dass sich innere Unruhe und ggf. unbewusste Panik des Menschen auf das Pferd übertragen. Unabhängig davon, wie nachdrücklich wir unser Pferd durch akustische Laute zur Entspannung mahnen: Haben wir selber die Sorge, dass etwas Schlimmes in naher Zukunft eintritt, so wird unser Pferd diese Sorge in seinem Verhalten reflektieren.

Auch ist es nicht ungewöhnlich, dass Pferde unsere innere Einstellung (einerlei ob positiv oder negativ) besser und transparenter deuten, als wir es bisweilen selber vermögen. Viele Menschen bewerten diese Fähigkeit als äußerst unangenehm und sehen sich widerwillig mit sich selbst und ihren unterdrückten Gefühlszuständen konfrontiert. In einer egoistischen Leistungsgesellschaft aufgewachsen, in der wir uns immer beweisen mussten und jede „Schwäche" als „Versagen" ausgelegt werden kann, haben wir systematisch gelernt, uns nicht gleich jedem zu offenbaren. Manche Menschen sind gar nicht mehr fähig, Ängste oder vermeintliche Unfähigkeiten an sich selbst wahrzunehmen. Einfacher ist es, sowohl den sozialen Spiegel als auch die Empfindungen bezüglich des eigenen Selbst zu verdrängen und zu leugnen. Auf diese Weise ist es möglich, die eigene Person und das soziale Umfeld aus Selbstschutz zu beschwindeln. Wir versuchen nach außen etwas darzustellen, was wir nicht sind, und verbergen unerfüllte Wünsche, Absichten und vor allem Selbstwertprobleme und die Angst, einen Kontrollverlust zu erleiden. Ein Kreislauf, aus dem ein Entkommen nur schwer möglich scheint. Gewohnheit schafft ja bekanntlich auch Geborgenheit.

Im Zwiegespräch mit dem Pferd funktioniert Selbstverleugnung nicht mehr. Nur haben unzählige Menschen dieses Vorgehen derart verinnerlicht, dass sie gar nicht fähig sind zu bemerken, dass der Schlüssel zur Problemlösung in ihnen selbst liegt.

> *„Beziehung ist der Spiegel, in dem wir uns selbst so sehen,*
> *wie wir sind." (Jiddu Krishnamurti)*

In der menschlichen Entwicklung haben sich Sprache und Körpersprache irgendwann voneinander gelöst. Von diesem Zeitpunkt an können Menschen ihre Beweggründe, Motive und Zwecke anderen gegenüber leugnen – auch wenn ihre Körperhaltung eine andere Sprache spricht. Bei allem logischen Denkvermögen und aller methodischen Anstrengung ist es dennoch nicht erreichbar, innere Absicht und äußere Haltung völlig voneinander zu separieren. Da bei einer nach außen vorgetragenen Unwahrheit auch parallel innere Gefühlsregungen stattfinden, entstehen in der Folge irgendwann körperliche Reaktionen (z. B. Erröten), die die Lüge enttarnen. Klaffen Gedanken, Emotionen und Verständigung zu weit auseinander, können Menschen seelisch krank werden. Denken, Fühlen und Kommunikation müssen zueinander passen und in einem Gleichgewicht sein, damit jemand weder sich selbst noch andere belügt. Einem ausgeglichenen Menschen sind seine Wünsche, Gefühle und auch seine eigenen Grenzen vollkommen klar. Wer einen guten Zugang zu sich selbst hat, der sieht auch seine scheinbaren Schwächen gelassen und kann sie sogar in Stärken umwandeln.

Menschen, die hingegen (un-)bewusste Konflikte mit sich tragen und sich weigern, sich mit ihrem Selbst und ihrer Umwelt auseinanderzusetzen, senden leicht merkwürdige und sich widersprechende Botschaften und Signale aus. Doppeldeutige bzw. paradoxe Mitteilungen können Pferde aber nicht verstehen. Sie orientieren sich naturgegeben an den Körpersignalen und reagieren entsprechend. Es gibt zahlreiche Pferde, die unerwartet bei der Anwesenheit bestimmter Personen auffällig hektisch werden oder ein für sie abnormes Verhalten zeigen. Nicht wenige Pferde reagieren angriffslustig auf Menschen, die verborgene Aggressionen haben. Manche Pferde spiegeln Menschen, die unterdrückte wütende Überzeugungen von sich selbst oder von der Welt haben, ganz offensiv diesen verdeckten Gefühlszustand. Das kann sich sogar durch Drohgebärden wie Beißen und Schlagen äußern.

Die Reaktionen des Pferdes sind nicht bösartig, sondern reflektieren unsere ureigenen Emotionen. Dies kann der Mensch für sich und seine Entwicklung nutzen. Unsere Wirkung auf das Pferd und sein Verhalten uns gegenüber gibt uns Aufschluss über Verborgenes und über Eigenschaften und Gefühle, die wir uns bewusst machen können. Dies sollte im besten Fall als Chance verstanden werden. Kindern gelingt der natürliche kommunikative Umgang mit Pferden häufig viel besser als Erwachsenen. Dies liegt nicht zuletzt daran, dass Pferde das treuherzige und unaffektierte kindliche Wesen intuitiv erfassen.

Nicht umsonst werden Pferde auch in therapeutische Maßnahmen eingebunden, um Hilfestellungen zu leisten. Hierbei wird die Fähigkeit von Pferden, doppelte Botschaften auf ihre ursprüngliche Körpermitteilung zu reduzieren, sehr erfolgreich genutzt. Pferde begegnen körperlich und seelisch eingeschränkten Menschen mit viel Hingabe und Einfühlungsvermögen. Es ist ganz wunderbar zu beobachten, wie beschützend und verständnisvoll beide Seiten miteinander umgehen und voneinander lernen. Pferde scheinen einen naturgegebenen Instinkt für Krankheiten und Beeinträchtigungen zu haben und reagieren umsorgend und behütend auf diese Menschen.

Besondere Hilfe leisten Pferde bei der therapeutischen Behandlung von Autisten. Bei dieser Entwicklungsstörung sind die sozialen Interaktionen und Kommunikationsmuster beeinträchtigt. Die Interessen und Aktivitäten eines Autisten sind vor allem durch ein eingeschränktes und stereotypes Programm bzw. Wiederholungen gekennzeichnet. Die Anpassung an ihre Umwelt ist Autisten häufig nicht möglich. Entsprechend fällt ihnen eine Abweichung von gewohnten Ritualen schwer, da ihnen diese Trost und Sicherheit geben. Aufgrund der vornehmlich nonverbalen Kommunikation von Autisten scheinen Pferde sie ausgezeichnet zu verstehen. Ähnlich wie das

Fluchttier Pferd weichen Autisten dem direkten Augenkontakt häufig aus und vermeiden es, sich einer anderen Person von vorne zu nähern. Auch sind die Denkvorgänge beider von visuellen Bildern geprägt, sodass es wenig überrascht, dass Pferde sich gerne in der Nähe von Autisten aufhalten. Ihre Kommunikationsstrategien ähneln sich beachtlich. Beide verständigen sich hauptsächlich mit Gesten. Auch reagieren beide bei einem unerwarteten lauten Geräusch mit Flucht vor der Situation. Zudem beantwortet der Autist ähnlich wie das Pferd Druck mit Gegendruck.

Als soziale Wesen scheinen sich Pferde zu Hilfesuchenden hingezogen zu fühlen und würden niemals zum Angriff übergehen. Raubtiere weisen dagegen naturgemäß die Neigung auf, Krankheit als Schwäche auszulegen, und wittern leichte Beute.

Auch ist das Pferd mittlerweile ein beliebter Berater bei Managementtrainings, bei denen Führungskräfte eine Selbstkonfrontation erleben, die es ihnen ermöglichen soll, ihre Sozialkompetenzen zu verbessern.

Für die Arbeit mit Pferden ist es also ganz entscheidend, dass wir unsere eigenen Emotionen und unser Verhalten selbstkritisch überdenken – vor allem, wenn das Pferd gar nicht oder in unseren Augen fehlerhaft reagiert. Wir müssen uns fragen, warum uns das Pferd nicht versteht. Es ist nicht möglich, einem Pferd Vertrauen zu vermitteln, wenn man selbst eine Vertrauensblockade oder einen inneren Widerstand verspürt. Kommunikationsprobleme haben immer einen Grund, wobei Missdeutung der Aussage des Pferdes zu jedem Zeitpunkt in der Fehleinschätzung des Menschen liegt und niemals an verborgenen Absichten oder bewussten Täuschungsversuchen des Pferdes. Dazu ist es gar nicht fähig.

Magic Hot Kiss, Quarab (3 Monate) & Nadine Lorber
©Sabine Kubis

Die innere Einstellung, die wir unserem Pferd gegenüber haben, spiegelt sich in unserem Verhalten und unserer Kommunikation wider. Wer also mit seinem Pferd in einen Dialog tritt (unabhängig, ob dies nun ausschließlich mimisch oder auch verbal stattfindet), sollte sich seiner Haltung bzw. Attitüde immer bewusst sein. Das Pferd reagiert auf unsere ureigenen und ehrlichen Motive mit seinem Verhalten. Alles, was der Mensch synthetisch erzeugt (sowohl Lautäußerungen als auch aufgesetztes Getue), wird das Pferd weder beeindrucken noch zu irgendeiner Handlung motivieren können. Ehrlichkeit und Authentizität ist zu jeder Zeit das Geheimnis der gelingenden Interaktion.

Manchmal sind wir uns aber unserer kontraproduktiven Grundüberzeugungen gar nicht bewusst. Pferde können helfen – Reflexionsfähigkeit und Kritikfähigkeit vorausgesetzt – uns unsere innere Negativhaltung bewusst zu machen und dieselbe zu korrigieren. Wenn sich eine tiefe Grundüberzeugung in unserer Körpersprache widerspiegelt, dass das Pferd nicht auf uns hören wird, dann können wir unser Pferd noch so sehr zu Entspannung auffordern – es wird uns nicht glauben. Andersherum können wir ein Pferd noch so nachdrücklich ermutigen, endlich über ein Hindernis zu springen, haben wir im Grunde unseres Herzen eigentlich Angst zu stürzen; dann wird das Pferd vermutlich das Springen verweigern.
Viele Reiter sind sich ihren Urängsten überhaupt nicht bewusst. Häufig bleibt dann für sie die Frage ungeklärt, warum ihnen Pferde ständig durchgehen oder sich weigern, bestimmtes Verhalten zu zeigen. Die Idee, es könnte an ihnen selbst liegen, scheint derart abwegig, dass sie erst gar nicht in Betracht gezogen wird.

Pferde sind in ihren Reaktionen immer eindeutig und unmissverständlich. Es dürfte ihnen ein großes Rätsel sein, warum wir sie so häufig missverstehen und gleichzeitig zur weiteren Verwirrung beitragen, indem wir groteske und doppeldeutige Signale aussenden. Während Menschen ihre Körpersignale von ihrem Denken zu trennen versuchen und dies mit mäßigem Erfolg auch möglich ist, sind Pferde hierzu nicht imstande. Emotionszustände wie Aggressionen oder auch Entspannung wechseln bei Pferden in kürzester Zeit. Signalisiert ein demütiges Pferd dem Herdenchef, dass es sich nicht aufdrängen wollte, so ist der Konflikt geklärt und vergessen. Nach einer Auseinandersetzung treten durch klärende Gesten sofort Entspannung und Frieden ein.

Nicht eindeutige Gesten vonseiten des Menschen werten Pferde als äußerst bedenklich und verdächtig. Ähnlich wie bei allen anderen Sinneseindrücken (siehe Kapitel 2) gilt auch für die Kommunikation, wenn die Eindrücke verschiedener Informationsquellen nicht zusammenpassen: Unklarheiten lösen beim Fluchttier Pferd aus biologischen Gründen Angst und Panik aus. Pferde begreifen nur Ehrlichkeit. Hierfür müssen innere Einstellung und äußerer Körperausdruck übereinstimmen.

Wer also Schwierigkeiten im Umgang mit seinem Pferd hat, sollte vor allem bei sich selbst beginnen. Es mag nicht immer offensichtlich sein, wo genau die Problematik liegt. Sie kann zudem auch nicht universell festgestellt werden. Liegt ein Problem vor, hat es aber immer einen Ursprung. Pferde möchten durch auffälliges Verhalten etwas mitteilen. Durch gezielte und reflektierende Arbeit kann jeder lernen, an seiner Körpersprache zu arbeiten.

▶ Über Kommunikation treten Lebewesen miteinander in Interaktion.

▶ Menschen kommunizieren sowohl auf Sachebene als auch auf Beziehungsebene.

▶ Wer sich nicht mit sich selbst auseinandersetzt, hat kaum eine Chance, sein Pferd zu ergründen.

▶ Pferde kommunizieren untereinander leise, aber effektiv.

▶ Körper- und Kopfbewegung verraten viel über den aktuellen (emotionalen) Zustand des Pferdes.

▶ Berührungen sind in der Pferdekommunikation von hoher Bedeutung.

▶ Die Körpersprache steht bei Pferden im Fokus ihrer Verständigung. Laute sind weniger wichtig.

▶ Der innere Zustand des Pferdes ist von außen beobachtbar und einschätzbar.

▶ Nur ein wirklich souveräner und aufrichtiger Mensch kann mit dem Pferd gelingend kommunizieren und vertrauensvoll interagieren.

▶ Im Zwiegespräch mit dem Pferd funktioniert Selbstverleugnung nicht mehr.

Sunny Little Mambo, Quarter Horse-Wallach (4) & Daniela Gold
©Daniela Gold

Presscotts Minnie Mouse, New Forest Pony-Stute (23)
& Nicole Bücker ©Daniela Groenewold

5
Vertrauen und Gleichgewicht

„Das Pferd steht für das Urvertrauen des Sicht-Tragen-Lassens.
Diese Haltung bedeutet, sich dem Leben zu öffnen,
sich vom Strom des Lebens tragen zu lassen."
(Klaus Ferdinand Hempfling)

Innere und äußere Ausgewogenheit ist für Pferde überlebenswichtig. Entsprechend bedeutsam ist im Umgang mit ihnen, dass sich der Mensch ebenfalls im Gleichgewicht befindet. Menschliche Unausgewogenheiten stören Pferde massiv in ihrer Harmonie. Ihre natürlichen Bedürfnisse verlangen eine Balance zwischen

▶ Selbständigkeit und Freiheitsentzug,
▶ Beweglichkeit und Untätigkeit,
▶ Erholung und Leistung sowie
▶ Toleranz und Dominanz.

Pferde sind Individuen und unterscheiden sich in ihrer Persönlichkeit. Jedes Pferd hat ein einzigartiges Selbst, eigene Emotionen und ein charakteristisches Temperament. Ähnlich wie Menschen haben auch Pferde im Laufe ihres Lebens Erfahrungen gesammelt, die sie prägen. Es ist also wichtig, dass wir lernen, unser Pferd in seiner Individualität anzuerkennen, und ihm mit hinreichend Respekt begegnen. Bejahen wir die spezifischen Begabungen des Pferdes und bringen ihm positive Gefühle entgegen, so ebnen wir den Weg zu einer vertrauensvollen Partnerschaft. Der ganzheitliche Blick auf unser Pferd ermöglicht gegenseitige Achtung und die Chance, voneinander zu lernen und zu profitieren.

Erhaltung von Gleichgewicht und Gesundheit

Der Pferdekörper dient ausnahmslos der Gleichgewichtsempfindung. Ein unbalanciertes Pferd ist leicht an seiner Körperhaltung zu erkennen. Zudem versucht es mit aller Kraft zu seiner Balance zurückzufinden. Dies wird besonders beim Reiten deutlich. Ein Reiter, der sein Pferd ständig (bewusst oder ungewollt) aus dem Gleichgewicht bringt, gefährdet massiv dessen Gesundheit von Körper und Seele. Als Flucht- und Beutetiere müssen Pferde in jeder Lebenslage ausbalanciert sein. Ansonsten fühlen sie sich extrem unwohl und ihre Instinkte und Sinne alarmieren Überlebensstress. Demgemäß begeben sie sich nur bei uneingeschränktem Vertrauen gegenüber allen Anwesenden in eine liegende Position. Sie verlassen sich darauf, in Sicherheit zu sein, und bei einem Angriff rechtzeitig gewarnt zu werden. Das Aufstehen aus der Liegeposition ist für Pferde anstrengend und zeitaufwendig. In einer Gefahrensituation sind aber die Ressourcen Energie und Zeit kostbar und sichern das Überleben. Entsprechend groß sind der biologische Körperalarm und der Stresspegel beim Pferd, wenn es unter Druck zum Hinlegen gezwungen wird. Diese Methode des Fixierens auf dem Boden wird gerne als psychologische Behandlung zur Beziehungsfestigung verkauft. Das Pferd soll durch den Menschen „gebrochen" werden und dadurch, dass es die Situation überlebt, seinen Fluchtinstinkt abbauen. Gleichzeitig soll es sich dem Menschen unterwerfen und ihn als dominantes Alphatier anerkennen. Tatsächlich erlebt das Pferd den Menschen in dieser Situation als Raubtier und verliert jedes Vertrauen. Pferde vermeiden als Beutetiere in der zwanghaften Liegeposition instinktiv laute Panikschreie. Diese würden weitere Feinde anlocken. Gestik, Mimik und Körperanspannung verraten aber offensichtlich, wie sich Pferde in einer derartigen Situation fühlen. Angst, Furcht und Überlebenspanik spielen sich innerlich ab. Ein Pferd bewusst aus dem Gleichgewicht zu bringen und es gleichzeitig zu hetzen und zu demütigen oder gar zu schlagen ist seelische Grausamkeit und führt – trotz etwaiger gegenteiliger Berichterstattung – zu langfristigen Schäden. In Todesangst bringen Pferde in einer solchen Zwangslage alle ihre inneren und äußeren Kräfte auf, um zu überleben. Mit Seilen gefesselt und einem treibenden und schlagenden Reiter (Raubtier) auf dem Rücken, soll das Pferd lernen, dass es keinerlei Chance zum Widerstand hat, aber die Situation dennoch überlebt. Jede Chance zur Vertrauensbildung zum Menschen ist mit diesem Vorgehen vertan.

Ohnmacht und Hilflosigkeitsgefühle traumatisieren Tiere ebenso wie Menschen. So genannte *Trigger* (Auslöser) – mögen sie auch noch so klein und für andere unwichtig erscheinen – können im Lebensverlauf immer wieder an das Einbrechen und die verbundenen negativen Gefühle (Urängste) erinnern. Das Tier reagiert (ähnlich wie traumatisierte Menschen) mit extremen Stressanzeichen und fühlt sich erneut hilflos. Hierdurch lassen sich viele unkontrollierbare Reaktionen von Pferden erklären, die ansonsten eigentlich als einigermaßen umgänglich gelten. Weitere Gewalt kann hier keine Lösung sein, sondern bestätigt das Pferd nur in seiner Annahme, in großer Not zu sein.

> *„Gewalt ist die letzte Zuflucht des Unfähigen."*
> *(Isaac Asimov)*

Da Pferde tendenziell ihre Erfahrungen in ihrem Verhalten widerspiegeln, liegt es im Verantwortungsbereich des Menschen, ihre Körpersprache zu erlernen und zu deuten. Nur mit diesem Wissen können wir unseren Partner Pferd verstehen und dessen Geschichte erkennen.

Pferde sind genau wie Menschen Individuen mit unterschiedlichem Temperament und einer eigenen Persönlichkeitsstruktur. Ihre Neigung, uns ihre vergangenen Erfahrungen mitzuteilen, können wir für den Umgang mit ihnen nutzen. Für einen partnerschaftlichen Beziehungsaufbau ist es wichtig, dass wir traumatische Erfahrungen des Pferdes und sein negatives Verhalten nicht auf uns persönlich beziehen. Wir müssen ihm helfen, Vertrauen zu fassen und es auf dem Weg der Neuerlernung bzw. Genesung unterstützen und es nicht daran hindern.

Wurde einem Pferd körperlicher Schmerz zugeführt, wird es dies an seinem Verhalten und im Umgang mit (bestimmten) Menschen oder Situationen offenbaren. Es zeigt Angst, Widerstand oder wirft z. B. den Kopf zurück. Es schützt seinen Körper vor erneuten Verletzungen durch Zusammenzucken oder Flucht vor der Situation.

Leider ist es häufig nicht möglich, die Vergangenheit eines geschädigten Pferdes komplett aufzuklären und zu durchleuchten. Dennoch ist es erreichbar, mit viel Vertrauensarbeit und sehr viel Zeit die Körpererinnerung an das traumatische Ereignis (z. B. schlechte und/oder zu frühe Erfahrungen beim Anreiten) langsam in den Hintergrund treten zu lassen. Eine allgemeingültige Lösung für alle Pferde, unabhängig von deren Erlebnissen, gibt es dabei leider nicht. Zunehmendes Vertrauen zum Menschen kann vor allem über gemeinsame Entspannung erreicht werden. Auch eine klare und vertrauenswürdige Kommunikation ist wichtig. Verunsicherte Pferde brauchen dringend verlässliche und positive Rituale sowie eine zuverlässige und glaubwürdige Bezugsperson. Mit der Zeit lernen sie sich an dieser zu orientieren. Da Pferde Individuen sind, kann hierbei keine universelle Zeitspanne festgelegt werden. In einem Bild: Nur weil jemand an einer Pflanze zieht und zerrt, wird sie nicht schneller wachsen.

Bei traumatisierten Pferden genügen mitunter schon kleinste Verspannungen, die das Potenzial haben, an die vergangene Panikreaktion zu erinnern. Bewusstes Entspannen des Reiters kann hier ein guter Ratgeber sein. Unterstützen wir unser Pferd, zurück in sein Gleichgewicht zu finden, so wird es uns dieses Vorgehen danken, willig mitarbeiten und langfristig in den gemeinsamen Beziehungsaufbau investieren. Traumatisierungen beinhalten häufig (bei Mensch und Pferd) ein großes Veränderungspotenzial und zudem die hoffnungsvolle Aussicht, sich gegenseitig besser kennenzulernen.

Ein liegendes Pferd bringt seinem Menschen also ein großes Vertrauen entgegen. Da Pferde sich mit der Liegeposition in absolute Abhängigkeit und Hilflosigkeit begeben, darf der Mensch dieses Verhalten in seiner Anwesenheit als großes Kompliment für seine Verlässlichkeit werten.

TQR Well Dun Toryjac, QH-Stutfohlen & Camilla
©Camilla Sörén, Schweden

Als Herdentiere liegen niemals alle Pferde einer Gruppe gleichzeitig. Mindestens ein Pferd überwacht die Umgebung. Dennoch ist der Tiefschlaf auch für die Regeneration von Pferden und die Erhaltung ihrer Gesundheit wichtig. Entsprechend sollten sich auch unsere domestizierten Pferde, die häufig zeitweise in Ställen untergebracht sind, mit allen Sinnen gegenseitig wahrnehmen können. Nur so fühlt sich das Flucht- und Beutetier wohl und in Sicherheit.

Wechselseitige Gleichgewichtshilfen

Im Umgang mit Pferden sollten wir uns jederzeit der Notwendigkeit des Gleichgewichts bewusst sein. Auch der respektvolle Umgang beim Reiten bezüglich der erforderlichen Balance ist entscheidend für ein vertrauensvolles Miteinander. Besonders dann konfrontiert uns unser Reitpferd mit unserer eigenen Unbalanciertheit. Dies tut es nicht aus Boshaftigkeit, sondern wegen seiner eigenen Dringlichkeit zur Gleichgewichtserhaltung. Der Reiter kann dies als Chance wahrnehmen und sich mit sich selbst bzw. seinen eigenen Blockaden auseinandersetzen. Pferde machen an diesem Punkt aus Naturgesetzen schon keine Fehler. Was das Pferd an Unausgeglichenheit zeigt, ist auch existent – entweder bei ihm selbst und/oder bei seinem Reiter.

Dominanz und striktes Kontrollverhalten als Überlegenheitsanspruch dem Tier gegenüber verunsichern es zutiefst und stören seinen überlebensnotwendigen Sinn für Balance. Wir sollten vielmehr Vertrauen in die Bewegungsfähigkeit des Pferdes haben und lernen uns selber zu entspannen. Unser Pferd wird es uns danken und sich freier und unbelasteter bewegen können. Ähnlich wie Herdengenossen untereinander sollten wir versuchen uns als verlässliche Partner zu zeigen und uns nicht völlig verspannen und aus Angst unser Pferd an seinen natürlichen Bewegungsabläufen hindern. Auch beim Reiten gilt:

Allmachtsansprüche oder unterdrückte Angstzustände wird uns unser Pferd auf seine Weise spiegeln. Wir können also frei wählen, ob wir Raubtier oder Sozialpartner in den Augen unseres Pferdes sein wollen. Beide Varianten offenbaren wir unserem Pferd über unsere körperlichen bzw. reiterlichen Signale. Wir können unserem Pferd die Ferse und den Sporen aggressiv in die Seite rammen, oder wir umfassen locker den Pferdekörper mit den Oberschenkeln und den Beinen. Letzteres hat eine beruhigende Wirkung auf das Pferd. Diesen entspannten Körperkontakt kennt es im Umgang mit anderen Pferden als Festigung der sozialen Bindung untereinander. Durch entkrampftes Sitzen und ruhiges Ein- und Ausatmen können wir Losgelassenheit und vertrauensvolles Miteinander fördern. Auf diese Weise vermitteln wir unserem Pferd, dass es in Sicherheit ist und es keinen Anlass zur Fluchtreaktion (zur Seite drehen, weglaufen, bocken usw.) gibt. Es ist erstaunlich, wie positiv sich ein besonnener Körperkontakt auf das Gemüt des Pferdes auswirkt.

Souveränes Auftreten und innere sowie äußere Ruhe beim Menschen scheinen Pferde an die Autorität des Herdenchefs zu erinnern und beides gibt ihnen ein Gefühl von Schutz, Geborgenheit und Ausgeglichenheit. Unterschwellige oder offensive Aggressivität sowie doppeldeutige Botschaften (auch beim Reiten) bestärken ängstliche Pferde in ihrer Furcht, während sich dominante Pferde auflehnen.

Vielen Reitern sind die beschriebenen Grundsätze kognitiv längst klar. Natürlich wollen sie keine Raubtiere sein und reden ihren Pferden täglich gewissenhaft aufs Positivste zu. Trotzdem gibt es meist beim Reiten häufig Balanceprobleme. Durch unzulängliche Hilfengebung und einen (unbewusst) verkrampften Sitz werden Reiter und Pferd ungewollt massiv unter Stress gesetzt. Unbemerkt bringen viele Reiter ihre Pferde aus dem Gleichgewicht und machen sich nicht klar, dass das Reiten eine vielschichtige psychomotorische

Kompetenz darstellt, die weder leicht noch schnell zu erlernen ist. Unabhängig von Reitweise, Pferd und ausgeübter Lektion ist zu jeder Zeit die Arbeit an der Weiterentwicklung eines independenten und ausbalancierten Sitzes notwendig. Hierfür benötigen wir ein förderliches und ausgewogenes Körperschema, viel Zeit und Training sowie eine ausgezeichnete Konzentration auf unser Vorhaben.

Galeno VIII & Monika
©Monika Lehmenkühler, www.lg-zaum.com

Leider haben viele Menschen enorm hohe Ansprüche an sich und die Leistung ihres Pferdes. Zu schnell werden wir unserem Pferd gegenüber unfair, wenn es nicht gleich versteht, was wir von ihm wollen. Tatsächlich ist das Reitergefühl nur stufenweise zu erlernen und stellt sich meist erst durch das unangenehme Gefühl des Balanceverlustes ein. Wir müssen uns Zeit einräumen und bereitwillig eigene Blockaden erkennen und langsam abbauen. Sind wir uns und unserem Pferd gegenüber wohlwollend eingestellt, so kann uns unser

Pferd helfen, unser Gleichgewicht (wieder) zu finden. Aber wir müssen ihm auch eine Chance geben und das Loslassen lernen. Vielen Menschen fällt schon die Vorstellung von einem derartigen Zustand sehr schwer, sind sie es doch ein Leben lang gewohnt, die Kontrolle über alles haben zu müssen. Ihr natürliches (Ur-)Vertrauen in einen instinktiven Bewegungs- und Lebensfluss haben sie lange verloren. Die Angst vor Kontrollverlust birgt aber auch immer die Chance, sich weiterzuentwickeln und erfolgreich festzustellen, dass das Loslassen einen positiven Effekt auf das körperliche und seelische Erleben haben kann. Das unvergleichliche Gefühl, eine Einheit mit dem Pferd zu sein, ist unbezahlbar und jede Mühe, an sich selbst zu arbeiten, wert.

Um ein harmonisches Miteinander im Gleichgewicht zu erreichen, müssen sowohl der Reiter als auch sein Pferd ein Körperschema entwickeln. Pferde stimmen sich physisch und geistig auf die Bewegungen und auf das Gewicht des Reiters ein. Ohne Reiter, also in seiner natürlichen Balance, verteilt sich das Pferdegewicht auf Vor-, Mittel- und Hinterhand. Allerdings tragen Pferde bedingt durch die relativ schwerere Hals- und Kopfpartie mehr Gewicht auf der Vorhand als auf der Hinterhand. Bei der Bewegung machen sich Pferde dann Hals und Kopf zunutze, um ihr Gleichgewicht zu regulieren. Schränkt der Reiter die Beweglichkeit des Pferdehalses beim Reiten ein, nimmt er zwangsläufig seinem Pferd eine bedeutsame Handhabe zur Korrektur.

Im günstigsten Fall lernen Pferde zunächst langsam an der Longe, ihr Gewicht auszubalancieren, um sodann in einem weiteren Schritt bedächtig an das Reitergewicht gewöhnt zu werden. Schrittweise sollten Pferde an die veränderten Gleichgewichtsbedingungen beim freien Reiten herangeführt werden. Oberste Priorität ist hierbei immer, dass das individuelle Lerntempo und das spezifische Wohlfühlen des Pferdes Berücksichtigung findet.

Das Gehirn des Pferdes ist fähig, neben seinen natürlichen Bewegungsabläufen auch die neuen Bewegungsversionen mit Reiter zu speichern und bei Bedarf abzurufen. Diese erlernten neuronalen Mechanismen in Verbindung mit dem entwickelten Körperschema können wir als Reiter begünstigen oder auch hemmen. Hierbei kommt es stark auf Empathie und die eigene Körperspannung an. Pferde (ähnlich wie Menschen) verknüpfen Körpererinnerungen stark mit angenehmen oder blockierenden Empfindungen.

Wie schwierig die Balanceherstellung für Pferde sein muss, können wir leicht nachempfinden, stellen wir uns vor, dass wir mit einem Kind auf den Schultern in allen Gangarten unterschiedlich große Zirkel und Schlangenlinien laufen sollen. Nach einiger Zeit gewöhnt der Mensch sich an das neue Körperempfinden und findet zurück zu seiner Balance. Allerdings wird dies umso komplizierter, stellen wir uns vor, dass das Kind auf unseren Schultern jetzt nicht mehr symmetrisch sitzt und uns unterstützt, sondern unkontrolliert von einer Seite zur anderen wackelt. Das Ausbalancieren gestaltet sich jetzt wesentlich problematischer. Darüber hinaus kommen noch Verspannungen und Schmerzen an unterschiedlichen Körperregionen dazu. Vor diesem Hintergrund sollte uns als Reiter immer bewusst sein, wie wichtig ein regelmäßiger und ausbalancierter Sitz für das körperliche und seelische Wohlergehen unseres Pferdes ist.

„Man muss in der Leichtheit arbeiten.
Alles andere ist die Tötung der unschuldigen Kinder. "
(Nuno Oliveira)

Pferde müssen also im Notfall bei Gleichgewichtsverlust (vorwiegend durch den Reiter ausgelöst) ihren Hals einsetzen können und die Chance erhalten, kurzfristig die Anlehnung verlassen zu dürfen, um zurück zu ihrer Balance zu finden. Können Pferde Lektionen nicht im Gleichgewicht absolvieren, so ist der Reiter aufgefordert, seinen Sitz und seine Hilfen zu überdenken. Das Fixieren von Hals und Kopf durch den unsachgemäßen Gebrauch von Hilfszügeln oder anderen Maßnahmen kann keine Lösung für die fehlende Gleichgewichtsunterstützung und die mangelnde Kompetenz des Reiters sein. Wer durch die Zufügung von Schmerzen sein Pferd zwangsweise in einer unausbalancierten Position lässt, stresst es auf höchstem Niveau. Eine natürliche Gleichgewichtsherstellung wird verhindert, wobei das Pferd neben Verspannungen und Schmerzen auch einen erheblichen psychischen Schaden erleiden kann. Speziell bei der tierschutzrelevanten Methode der Rollkur oder Hyperflexion ist das Pferd gezwungen, zur Gleichgewichtsfindung kontinuierlich seinen übrigen Körper einzusetzen, da Hals und Kopf fixiert, eingebunden und erstarrt sind. Die natürlichen Möglichkeiten zur Balancefindung und zum Gleichgewichtserhalt sind nicht gegeben und werden bewusst verhindert. In der Folge eines derartigen Vorgehens verlieren Pferde ihr Gleichgewichtssystem, ihr Körpergefühl und auch ihr Vertrauen. Körperliche und seelische Entspannung sind nun nicht mehr möglich.

„Gesunde" Pferde sind instinktiv fähig ihre Balance unter dem Reiter immer wieder herzustellen. Das erfolgreiche Meistern eines unausbalancierten Zustands vermittelt ihnen Sicherheit, Selbstvertrauen und

Zufriedenheit. Pferde, die sozialen Gleichklang mit dem Menschen anstreben, sind bereit, an sie gestellte Aufgaben anzunehmen und darüber hinaus auch bemüht, mögliche „Fehler" (in ihrer Balance) sofort auszugleichen. Daran sollten wir sie nicht durch störendes Fixieren hindern, sondern mit ihnen zusammen in ihrem Lerntempo arbeiten und immer wieder für Entspannungszeiten für Pferd *und* Reiter sorgen.

Exkurs: Entspannungsprogramm

Aller Anfang in der (Entspannungs-)arbeit mit dem Pferd beginnt bei uns selbst. Pferde nehmen unsere (unbewussten) Verspannungen wahr und reagieren darauf. Wir sollten also im Umgang mit dem Pferd zu jeder Zeit auf innere und äußere Ruhe achten. Eine entspannte Haltung und Atmung ist hierfür maßgebend.

Widerstände beim Pferd sind nicht zwangsläufig Ausdruck von Ungehorsam. Vielmehr spiegelt es hiermit entweder unsere oder eigene Anspannungen wider. Besonders im Bereich der Körperarbeit kann es sein, dass „bockiges" Verhalten eher ein Zeichen für Spannungsabbau ist. Wer es schafft, selbst ruhig und zuversichtlich zu sein, kann gerade durch entspannte Berührungen seinem Pferd zur Erholung verhelfen und für ein harmonisches Miteinander sorgen. Gelöstheit lässt sich aber nicht erzwingen. *Zwang* und *Entspannung* stehen im Widerspruch zueinander.

Häufig wird die Meinung im Umgang mit Pferden vertreten, dass sie jederzeit Berührungen an ihrem vollständigen Körper akzeptieren müssen. Dieser Anspruch setzt aber voraus, dass das Pferd vor allem Vertrauen in die Berührungen des Menschen setzt und mit ihnen überwiegend Positives verbindet. Für einen Vertrauensaufbau ist es also folgerichtig, dass wir mit unserem Pferd zunächst dort Körperkontakt aufnehmen, wo es gerne angefasst wird. Es gilt also die

Grenzen des Pferdes zu beachten und auch zu akzeptieren. Dies stärkt die Bindung zueinander, wobei das Pferd im eigenen Tempo eine Grenzerweiterung vornimmt.

Wer dagegen permanent im Sinne einer Desensibilisierung sein Pferd mit Berührungen überflutet, der zeigt ihm augenscheinlich, dass er vor allem Macht ausüben will und sich selbst als Schöpfungskrone ansieht. Vertrauen und Harmonie bleiben hier aus. Sind wir aber gelassen und mitfühlend, so vermitteln wir unserem Pferd, dass es keinen Grund zur Anspannung gibt, und präsentieren uns zudem als vertrauensvoller Anleiter.

Wir haben viele Möglichkeiten, uns zu entspannen. Nicht umsonst heißt es im Volksmund: *In der Ruhe liegt die Kraft.*
Aus der therapeutischen Arbeit ist heute bekannt, dass *innere Bilder* sehr große Wirkung haben können. Als Menschen können wir unsere inneren Gespräche und Vorstellungen nicht abschalten. Dieselben übertragen sich zudem direkt auf unser Pferd. Häufig sind wir uns der „Macht" unserer Gedanken überhaupt nicht bewusst. Genau hier liegt aber der Ansatzpunkt. Negative Gedanken, Befürchtungen und tiefe Ängste sind häufig unbewusst, beeinflussen unsere Beziehung zu unserem Pferd aber erheblich. Ein erster Schritt ist, dass wir uns unsere Denkmuster bewusst machen.
Viele Menschen wünschen sich eine innige Beziehung zu ihrem Pferd, scheitern aber an der konkreten Umsetzung. Sie wollen, dass sich ihr Pferd freut, wenn sie in den Stall kommen, und dass es sich problemlos reiten lässt. Auch wünschen sie sich, dass ein überwiegend harmonisches Miteinander herrscht. Wer das erreichen möchte, kann vor allem an sich selbst und seinen Grundüberzeugungen arbeiten.

Power Jac Onita, Quarter Horse-Hengst (2) & Victoria
©Victoria Zäper

Zu leicht geben wir unserem Pferd die Schuld, wenn etwas nicht funktioniert. Tatsächlich unterschätzen wir unseren eigenen Anteil an der Situation. Die Fähigkeit zur Selbstreflexion ist häufig der wirkungsvollste Schlüssel zum sozialen Umgang mit dem Pferd.

Achte auf deine Gedanken,
denn sie werden Worte.

Achte auf deine Worte,
denn sie werden Handlungen.

Achte auf deine Handlungen,
denn sie werden Gewohnheiten

Achte auf deine Gewohnheiten,
denn sie werden dein Charakter.

Achte auf deinen Charakter,
denn er wird dein Schicksal.
(Aus dem Talmud)

Was wir zum Spannungsabbau tun können:

▶ *Innere Bilder*

▶ *Atemübungen*

▶ *Progressive Muskelentspannung*

▶ *Erden*

▶ *Schiefe erkennen*

Positive *innere Bilder* zu erschaffen ist für alle Menschen erlernbar. Diese können für jeden anders sein, verfehlen ihre konstruktive Wirkung aber nicht. Wir können in uns selbst hineinhören und herausfinden, welche Worte, Sätze oder Bilder uns innerlich entspannen und zufrieden stimmen. Dieselben können wir zur Visualisierung auch schriftlich fixieren und sie uns häufig „vor Augen halten". Heilsame innere Bilder oder Segensworte (für ein Problem mit dem Pferd) verhelfen dem Menschen, sich seinem Pferd unbemerkt positiver zu nähern. Dieses Vorgehen hat ein unglaubliches Veränderungspotenzial und unser Pferd wird es uns danken. Innere Bilder können freimachen. Dies mag eine ungewohnte Überwindung sein, lohnt sich aber.

Für die Ungläubigen: Aus der Placeboforschung kann man heute rückschließen, dass sogar Scheinmedikamente einen wirksamen Effekt haben können. Unsere Vorstellungskraft hat also eine erstaunliche Auswirkung auf unsere reale Welt. So verhält es sich auch im Umgang mit Pferden. Negative Gedanken und Erwartungen werden sich mit hoher Wahrscheinlichkeit im Sinne einer selbsterfüllenden Prophezeiung bewahrheiten. Bejahende Gedanken und Grundüberzeugungen haben dagegen eine positive Wirkung auf uns und unser Pferd.

Da Pferde Meister darin sind, unsere Verspannungen wahrzunehmen und zu enttarnen, ist der *frei fließende Atem* des Menschen eine hervorragende Methode, Entspannung zu signalisieren. Bewusstes Atmen entspannt den gesamten menschlichen Organismus und hat schon so manche heikle Situation gerettet. So sehr sich innerlicher (unbewusster) Stress auf unser Pferd überträgt, so beruhigend wirkt die bewusste Atmung. Hierfür können wir z. B. vier Schritte lang einatmen und sodann vier Schritte lang ausatmen. Bewegung tut zudem bei Anspannung gut und ist hervorragend geeignet, Adrenalinüberschuss abzubauen.

Wer in einer Situation sehr aufgeregt ist, kann beispielsweise auch langsam durch die Nase einatmen (bis 5 zählen) und doppelt solange durch den Mund wieder ausatmen (bis 10 zählen). Bei zu viel Sauerstoffzufuhr reagiert der menschliche Körper mit übersteigerten Stresssymptomen, die unser Pferd sofort und ungefiltert wahrnimmt. Es wird glauben, dass es Grund zur Gefahrenannahme gibt, und selber unter Stress geraten. Nun entsteht ein ungünstiger Kreislauf, indem sich Mensch und Tier gegenseitig in ihrer unnötigen Symptomatik bestätigen. Eine derartige Situation birgt großes Gefahrenpotenzial für alle Beteiligten.

Eine weitere sinnvolle Übung ist, in die verschiedenen Körperteile einzuatmen, zum Beispiel in die Schultern, in den Rücken oder in die untere Bauchregion. Beim Ausatmen ist die Vorstellung, dass alle überflüssige Anspannung losgelassen wird, sehr effektiv. Es ist ganz entscheidend, seinen eigenen entspannenden Atemrhythmus zu finden – und sich dann erst seinem Pferd zu nähern.

Eine freie Atmung sorgt für Losgelassenheit. Das gilt sowohl für Menschen als auch für Pferde. Es lässt sich leicht beobachten, dass, hält der Reiter vor lauter Konzentration oder Anspannung die Luft an, auch das Pferd häufig nicht tief einatmet. Atmet der Reiter hingegen bewusst in den Bauch ein und aus, so überträgt sich dieser entkrampfte Zustand auf das Pferd und es schnaubt gelöst ab.

Die *progressive Muskelentspannung (nach E. Jacobson)* ist eine Technik, mit der wir Verspannungen und Stress abbauen können. Für körperliche und mentale Entspannung beim Reiten und im Umgang mit unserem Pferd liefert diese Methode ein sinnvolles Werkzeug. Bewusst werden einzelne Muskeln anfangs angespannt, um sie nach kurzer Zeit wieder zu lösen. Hierdurch können wir einen Zustand tiefer Gelöstheit erreichen, wobei unsere Konzentration auf den Wechsel zwischen Anspannung und Entspannung gerichtet ist. Auf diese Weise können auch weitere Anzeichen physischer (z. B. Schmerzen) und psychischer Unruhe (z. B. Herzklopfen, Zittern) reduziert werden.

Hierfür gibt es zwei methodische Vorgehensweisen:

1) *Auf die Schnelle*: Alle verfügbaren Muskelpartien werden auf einmal fest angespannt, um sie sodann einfach wieder loszulassen und nachzuspüren, wie sich die Entspannung im Körper anfühlt.

2) *Der Reihe nach*: Wie bei einer Reise durch den Körper werden unterschiedliche Muskelpartien nacheinander angespannt und wieder entspannt. Beginnend mit dem Gesicht wird zunächst die Stirn gerunzelt und verbunden mit dem Ausatmen wieder gelöst. Weiter geht es mit den Lippen (zusammenpressen), den Zähnen (zusammenpressen), dem Nacken, den Schultern (hochziehen), den Händen (eine Faust machen), den Armen, der Bauch- und Rückenmuskulatur, dem Beckenbereich, den Oberschenkeln und Waden sowie den Fußspitzen (hochziehen).

Wer sich entspannt fühlt, atmet noch einmal abschließend tief durch und streckt sich in alle Richtungen.

In Stresssituationen sind viele Menschen geneigt, ihr Körpergefühl zu verlieren. Um wieder in der Balance zu sein, können wir uns *Erden*. Hierbei atmen wir langsam ein und aus und spüren dem Atem nach. Unser Gewicht verteilen wir im Stehen gleichmäßig auf beide Füße und überprüfen, ob vielleicht ein Fuß belasteter ist als der andere. Mit unserem Gewicht können wir auch bewusst spielen. Wir können es von einer Seite zur anderen verlagern sowie von vorne nach hinten. Auch kreisende Bewegungen der Füße in beide Richtungen lassen uns mehr und mehr zur Balance zurückfinden. Die Atembewegungen sollten zu den Fußbewegungen passen. Am Schluss der Übung ist es zweckmäßig nachzuspüren, wie sich der gesamte Stand und der Atem verändert haben.

Menschen mit einer „guten Erdung" haben ein ganz natürliches Gefühl des „Getragenwerdens". Sie fühlen sich verwurzelt und verbunden. Dieses innere Gefühl von Festigkeit zeigt sich z. B. daran, dass sie einen sicheren Stand(punkt) haben (sowohl im übertragenen als auch im direkten Sinne). Sie stehen mit beiden Füßen fest auf der Erde (und im Leben) und verfügen über eine innere Stärke, die es ihnen ermöglicht, auch in schwierigen Situationen mit sich selbst und ihrer Umwelt im Einklang zu sein. Im Zusammensein mit dem Pferd ist dieser Zustand ein sehr günstiger. Pferde fühlen sich naturgegeben zu ausgeglichenen Menschen hingezogen und folgen ihnen williger.

Menschen, die sich dagegen häufig „flatterhaft" oder ein bisschen verloren in dieser Welt fühlen, haben es im Umgang mit Pferden zwangsläufig schwerer. Unsicherheit und Unwohlsein können zu innerer Ziellosigkeit und Orientierungsproblemen führen, die Pferde sofort wahrnehmen.

Innerlich sicherer zu werden kann jeder durch gezieltes Training lernen. Hier eine Beispielübung zur Erdung, die unabhängig von Zeit und Ort Anwendung finden kann:

Wir stellen uns gerade hin und verteilen gleichmäßig unser Gewicht auf beide Beine. Die Füße stellen wir schulterbreit und atmen einige Male im eigenen angenehmen Rhythmus bewusst ein und aus. Unsere Aufmerksamkeit richten wir langsam auf unsere Füße und stellen uns vor, dass Wurzeln aus unseren Füßen in die Erde wachsen. Diese Wurzeln werden immer tiefer und tiefer in die Erde geschoben. Jetzt fühlen wir in unseren Körper hinein und spüren Entspannung.

Nach und nach kann sich durch diese Übung ein innerer Halt einstellen, der geeignet ist, sich insgesamt sicherer zu fühlen.

Neben falscher Atmung und gestresster Grundstimmung sind einige Menschen (unbemerkt) durch Fehlhaltungen im Alltag oder mangelnde Bewegung aus ihrem natürlichen Gleichgewicht und (besonders im Hüft- und Schulterbereich) schief. Eine (unbeachtete) *Schiefe* kann dem entspannten und harmonischen Reiten sehr ungünstig entgegenwirken.

Eine mögliche Schiefe können wir zunächst selbständig überprüfen, indem wir z. B. ruhig atmen und einen Fuß so weit wie möglich oberhalb des Knies anwinkeln und die Arme ausbreiten. Für längere Zeit können wir auf diese Weise auf einem Bein stehen. Spätestens nach einem Seitenwechsel wird deutlich, ob eine Seite leichter fällt als die andere. Ist dies der Fall oder fallen wir sogar um, so ist der Gang zum Physiotherapeuten/Mediziner usw. empfehlenswert.

Wir können also viel für unser inneres und äußeres Gleichgewicht unternehmen und umsetzen. Dieser Weg kann längerfristig oder sogar über Umwege verlaufen. Aber auch eine lange Reise beginnt immer mit dem ersten Schritt. Nur so können wir individuelle Probleme erkennen und Lösungen für uns und unser Pferd begreifen und anpacken. In diesem Sinne:

„Wer sein Pferd verändern will,
muss bereit sein, sich selbst zu verändern."
(Franz Bachofner)

In liebevoller Erinnerung an Stjarna (1977-2012)
©Ulrike Riedesser

126

Auf einen Blick

▷ Innere und äußere Ausgewogenheit ist für Pferde überlebenswichtig.

▷ Menschliche Unausgewogenheiten stören Pferde massiv in ihrer Harmonie.

▷ Ein Pferd bewusst aus dem Gleichgewicht zu bringen, ist seelische Grausamkeit und führt zu langfristigen Schäden.

▷ Pferde spiegeln ihre Erfahrungen in ihrem Verhalten wider.

▷ Durch entkrampftes Sitzen und ruhiges Ein- und Ausatmen können wir Losgelassenheit und vertrauensvolles Miteinander fördern.

▷ Das Loslassen hat einen positiven Effekt auf das körperliche und seelische Erleben von Pferd und Reiter.

▷ Pferde machen sich Hals und Kopf zunutze, um ihr Gleichgewicht zu regulieren.

▷ Bei der Rollkur oder Hyperflexion ist die natürliche Möglichkeit zur Balancefindung verhindert.

▷ Zunehmendes Vertrauen zum Menschen kann vor allem über gemeinsame Entspannung erreicht werden.

▷ In der Ruhe liegt die Kraft.

EZ Mye Texas Justice, Appaloosa-Hengst (7) & Markus Appel
©Berit Seiboth & www.bs-tierfoto.de

BG's Tyran, Quarter Horse-Mix, Wallach (12)
©Monika Berglöf

6

Lernen und Motivation

„Die beste Belohnung ist immer, wenn Du Dein Pferd
nach einer guten Leistung ausruhen lässt."

(Xenophon)

Das Wissen um das Lernverhalten des Pferdes vereinfacht den alltäglichen Umgang und festigt zudem die Beziehung. Können wir uns ein aufgetretenes „Problemverhalten" erklären, so können wir es umso leichter lösen, überschreiben, umwandeln oder beheben. Ganz ohne theoretisches Hintergrundwissen lässt sich diese Herangehensweise allerdings nicht umsetzen. Soviel vorweg: Ruhe, Gelassenheit und Freude an der gemeinsamen Arbeit sollten wir mitbringen.

Die gelingende Verständigung zwischen biologischen Systemen (z. B. ein Pferd und sein Reiter) ist die Grundlage für erfolgreiches Lernen. Ohne Kommunikation können auch keine Lernvorgänge stattfinden. Alle Lebewesen kommunizieren zu jedem Zeitpunkt ihr gesamtes Leben lang. Permanent nehmen die Sinnesorgane Signale aus der Umwelt auf. Pferde reagieren auf diese empfangenen Reize und Signale immer mit dem Anliegen, ihren Zustand zu optimieren. Der Umgang mit dem Pferd ist durchgehend eine Form des intensiven Sozialkontaktes. Der Mensch, als Sozialpartner des Pferdes, hat die Aufgabe, das Ausdrucksverhalten des Pferdes nachhaltig zu beobachten und zu erklären. Fehldeutungen in der Kommunikation haben mitunter schwerwiegende Probleme im Training, beim Lernen und im Miteinander zur Folge.

So deuten Gehorsamkeitsprobleme immer auf unklare oder mehrdeutige Kommunikation hin. Viele Menschen reagieren bei Ungehorsamkeit ihres Pferdes verärgert und verständnislos – besonders dann, wenn es sich um ein spezifisches Verhalten handelt, von dem erwartet wird, dass das Pferd es längst können muss. Häufig wird angenommen, dass das Pferd den Menschen herausfordern will, um seinen Willen durchzusetzen:

Es weiß ganz genau, was ich jetzt will und was es machen soll!
Das ist Absicht, damit ich mich ärgere!

Wer sich in einer solchen Situation nicht mit seinem eigenen Anteil an der Problematik auseinandersetzt, wird kaum eine Chance haben eine Verbesserung zu erzielen.

Viele Menschen wiederholen bei einem Konflikt mit ihrem Pferd einfach das Kommando noch einmal und erwarten, wenn sie ausreichend Druck und Lautstärke in ihre Stimme legen, dass ihr Pferd die Aufforderung nun besser verstehen wird. Zudem verleihen sie mit einer frontalen Körperhaltung und einem einschüchternden Schritt in Richtung Pferd ihrer Forderung Nachdruck.

Möchten wir aber mit unserem Partner Pferd einen geeigneten Kontakt in einer positiven Lernumgebung herstellen, sind sowohl die frontale Konfrontation als auch der direkte Blickkontakt ungeeignet. Beide gehören zur Gruppe der *Imponier- und Drohsignale*. Kaum ein Pferd wird sich bei derartigem Verhalten seinem Gegenüber (frei)willig nähern. Vielmehr wird es die Körpersprache als Bedrohung einstufen und entweder stehenbleiben oder sogar weichen. Aus Pferdesicht will der Mensch es mit seinem Frontalangriff dazu auffordern, von ihm fernzubleiben. Bei mehrmaligem konfrontativem Auftreten wird das Pferd zwangsläufig lernen, dass es auf jeden Fall weggehen soll, wenn der Mensch sich ihm nähert. Nur durch die Herstellung eines gebührenden Abstandes zu dem Menschen kann es vermeiden, Opfer dessen unkalkulierbarer „Aggressivität" zu werden, und gleichzeitig seinen Zustand optimieren.

Lernen kann also ausschließlich analog zu einer intensiven Kommunikation stattfinden – sowohl in eine gewünschte als auch in eine unerwünschte Richtung. Fehlt hingegen jedwede Form des Nachrichtenaustausches, so kann kein Lernen erfolgen. Über die Umwelt und Erfahrungen werden Informationen und Zusammenhänge im Gehirn aufgenommen und gespeichert. Welchen Informationsgehalt ein Signal hat, wird in der sozialen Bezugsgruppe definiert. Demgemäß sollten wir uns – wollen wir unserem Pferd eine Lernaufgabe stellen – an dessen Kommunikationsregeln und Körpersprache orientieren.

Erlernt oder Instinktprogramm?

Das Pferdeverhalten kann unterteilt werden in *angeborene* und *erlernte* Komponenten. Alles angeborene Verhalten dient der Anpassung an die arttypische Umwelt. Erfolgreiche Lernprozesse ermöglichen hingegen eine Angleichung an die spezifischen Bedingungen der Umwelt des einzelnen Pferdes. Hierbei muss sich der Mensch stets darüber bewusst sein, dass das Lernen des Pferdes nicht zum Erwerb neuer Verhaltensweisen führt. Vielmehr werden angeborene Verhaltenselemente mit neuen Reizen und entsprechenden Kombinationen verknüpft.

Pferde sind fähig, sich immer wieder an neue Umweltbedingungen anzupassen. Lernprozesse sind also auch fortwährend umkehrbar. Entsprechend müssen wir jedes Lernverhalten als wesentlich flexibler betrachten als alles angeborene Instinktverhalten. Während alles Angeborene zur Grundausstattung gehört und bestehen bleibt, kann alles Erlernte grundsätzlich wieder „verlernt" werden.

Seit Jahrhunderten beschäftigen sich verschiedene wissenschaftliche Disziplinen mit der Frage, welches Verhalten bei Mensch und Tier angeboren und welches erlernt ist. Aus ethischen Gründen können derartige Untersuchungen aber zu Recht nicht mehr vorgenommen werden.

In der Vergangenheit wurden im Zusammenhang mit der Frage, ob Verhaltensweisen erlernt oder angeboren sind, einige Tierversuche (*Kaspar-Hauser-Versuche*) durchgeführt. Selbstverständlich muss es auch im Experimentalbereich mit Tieren Grenzen geben. Dessen ungeachtet wäre es heute prinzipiell umsetzbar, geklonte Pferde unterschiedlichen Bedingungen in der Aufzucht, Haltung und im Training auszusetzen, um deren geistige und körperliche Entwicklung miteinander zu vergleichen. Sittliche Komponenten sprechen aber ganz klar dagegen. Lebewesen vorsätzlich schädlichen Umwelteinflüssen und Bedingungen auszusetzen, ist aus moralischer Sicht absolut unverantwortlich.

Vergleichbar sind auch im menschlichen Bereich viele Fragestellungen letztlich nicht aufzuklären. So haben auch die inhumanen Versuche zur Sprachentwicklung zu keiner Antwort geführt. Um die Ursprungssprache der Menschheit herauszufinden, nahm Kaiser Friedrich II. von Hohenstaufen neugeborene Kinder ihren Müttern weg und ließ sie notdürftig versorgen. Weder durfte mit ihnen gesprochen werden noch war es erlaubt, Körperkontakt mit ihnen aufzunehmen. Alle Kinder starben, da ihnen Zuwendung und Interaktion für ihre Entwicklung fehlten. Die Antwort auf die Frage nach Angeboren oder Erlernt blieb er schuldig.

Eine klare Trennlinie zwischen angeborenem und erlerntem Verhalten zu ziehen ist häufig nicht möglich. Sicher ist aber: Umso höher eine Art entwickelt ist, desto fließender ist der Übergang zwischen Instinktprogramm und Erlerntem.

Einige Tierarten haben ein derart festgefahrenes und vorprogrammiertes Instinktverhalten, dass, verändern sich die Umweltbedingungen, sie nicht weiter überlebensfähig sind. Eine Anpassung bleibt hier aus. Höher entwickelte Tierarten, wie Pferde, haben die Fähigkeit ausgebildet, sich den Rahmenbedingungen anzupassen. Sie handeln nicht ausschließlich instinktmäßig. Verhaltensmuster verändern sich also, sobald sich die unmittelbare Umwelt wandelt. Pferde sind in ihrem Lernen und ihrer Anpassungsleistung flexibel und darüber hinaus fähig, selbständig Probleme zu lösen, obwohl ihnen die Erfahrung damit fehlt.

Die Vertreter der klassisch vergleichenden Verhaltensforschung fokussieren vor allem die angeborenen Verhaltensanteile von Mensch und Tier. Es wird davon ausgegangen, dass Instinktbewegungen im Erbgut verankert sind und durch Schlüsselreize ausgelöst werden. Zur Arterhaltung hat sich im Prozess der Evolution ein Ineinandergreifen von

► externen Auslösern,
► interner Handlungsbereitschaft und
► spezifischer Verhaltensweise entwickelt.

Verspürt ein Pferd beispielsweise ein Hungergefühl, löst dieses instinktiv ein Suchverhalten aus (*Appetenz*). Sog. *Leerlaufhandlungen* entstehen als Folge unpassender Umweltbedingungen ohne entsprechenden Schlüsselreiz. Das Bedürfnis, ein Verhalten auszuleben, ist so übermächtig geworden, dass selbst ein anderer Reiz ausreicht, es auszulösen. In einem solchen Fall „erschrecken" oder flüchten Pferde scheinbar vor allem und jedem. Ist ein Triebstau entstanden, kommt es bei Pferden leicht zu *Übersprungshandlungen*. Dies geschieht vornehmlich dann, wenn sie daran gehindert werden, ihren

Bewegungsdrang auszuleben. In der Folge zeigen sie ein völlig anderes Verhalten als das ursprünglich ausgelöste, z. B. Wälzen oder Scharren.

Basierend auf der vergleichenden Verhaltensforschung untersucht die Instinktforschung das beobachtbare Verhalten unter natürlichen Umweltbedingungen. Verhaltensweisen werden exakt beschrieben (*Ethogramme*) und in ihrer zeitlichen Abfolge verzeichnet. Hierdurch wird es ermöglicht, sowohl Häufigkeit als auch Reihenfolge der Verhaltensweisen zu listen. Bei dieser beschreibenden Vorgehensweise konnte festgestellt werden, dass sich Instinktverhalten häufig kaum von Lernverhalten unterscheiden lässt. Dies bezieht sich besonders auf Entwicklungsvorgänge in der Kindheit- und Jugendphase, wie beispielsweise die Prägung und die Sozialisierung.

Prägung, Sozialisierung und Imprinting

Erlernte sind von vorprogrammierten Verhaltensweisen häufig nicht generell trennbar. So hat Konrad Lorenz in seinen Versuchen mit Gänsen aufzeigen können, dass, tritt ein Mensch an die Stelle der brütenden Gänsemutter, die schlüpfenden Küken auf diesen geprägt werden. In ihrer weiteren Entwicklung lernen die Gänsekinder dann das Verhaltensrepertoire der „Ersatzmutter". Dieser Lernvorgang ist nicht umkehrbar, wobei eine tatsächliche Gänsemutter die Küken zu einem späteren Zeitpunkt auch nicht mehr umerziehen kann. Zudem werden Artgenossen nicht mehr als solche erkannt. Dennoch existiert eine angeborene Bevorzugung. Auf bestimmte Objekte lassen sich Tiere unproblematischer und stärker prägen. Hätten die Gänseküken neben dem Menschen auch ihre Mutter gesehen, so hätten sie diese vermutlich favorisiert.

Prägungslernen vollzieht sich vornehmlich in der Zeitspanne der sog. sensiblen bzw. kritischen Phase. Alle Lerninhalte werden schnell und effektiv aufgenommen und bleiben ein Leben lang erhalten. Neuere verhaltenspsychologische Studien falsifizieren die Annahme einer unwiderruflichen Prägung allerdings. Es scheint, als wären Säugetiere imstande, fehlende oder nachteilig erfolgte frühkindliche Erfahrungen durch spätere Lernvorgänge begrenzt zu überdecken. Prägungen können also reversibel sein. In den meisten Fällen sind sie allerdings nicht umkehrbar.

Auch bei Pferden sind die in der Prägung stattfindenden Lernprozesse weitgehend vorbestimmt und stammesgeschichtlich programmiert. Beispiele für frühkindliche Prägung sind solche auf Gegenstände, Fortpflanzung oder Futter. Prägungsvorgänge legen das Objekt fest, durch welches ein bestimmtes Verhalten ausgelöst wird.

Die wichtigste und erste Prägung im Leben eines Pferdes ist die auf die Mutter. Neugeborene Fohlen richten ihren Fokus zunächst ganz allgemein auf größere sich bewegende Objekte. Zeitnah konzentrieren sie sich aber dann auf die Mutterstute. Die Mutter ist meist bemüht, andere Pferde von ihrem Fohlen fernzuhalten, um die Bindung zu ihrem Neugeborenen aufzubauen und zu festigen. Die Beziehung zwischen Mutter und Kind entwickelt sich dann besonders unkompliziert, wenn sich die Stute zur Geburt zurückzieht und erst einige Stunden nach der Geburt mit dem Fohlen zur Herde zurückkehrt. Es spricht aber auch nichts gegen eine Geburt innerhalb der Herde. Da die Mutter zwangsläufig den ersten engen Geruchsaustausch mit ihrem Neugeborenen hat, kann eine Bindung meist problemlos entstehen. Das Fohlen kann sie zudem gegen aufdringliche Gruppenmitglieder mit ihrem Körper schützen und abschirmen. Solange der Kontakt zur Mutterstute in der sensiblen Prägungsphase überwiegt, führt das Zusammentreffen bzw. die Verbindung zu anderen Artgenossen oder zum Menschen beim Fohlen nicht zu Fehlprägungen.

Über den Austausch von Geruchssignalen während und nach der Geburt wird eine intensive Bindung zwischen Mutterstute und Fohlen hergestellt. Bei der festen Ausbildung der Mutter-Kind-Bindung

sind auch akustische Signale und Bewegungssignale von hoher Bedeutung. Die Mutterstuten äußern sich mit „brummenden" und tiefen
Tönen in Richtung ihres Fohlens. Ein Neugeborenes orientiert sich
meist zunehmend an dem nächsten sich bewegenden Objekt, welches
normalerweise die Mutter ist.

Tivio Silvertown Paintstute (20) mit Stutfohlen
©Jessica Schroth

In seltenen Ausnahmefällen konnte eine Fehlprägung bei Fohlen
beobachtet werden. Das Neugeborene richtet in einem solchen Fall
sein Verhalten auf fehlgeleitete Objekte (z. B. einen Baum) und zeigt
seiner Mutter wenig Beachtung. Bei frühzeitiger Lenkung der fehl-
geleiteten Fixierung zurück auf die Mutter ist aber die Entwicklung
einer normalen Mutter-Kind-Beziehung noch möglich.

Neben dem Fohlen wird auch die Mutter auf ihr Neugeborenes geprägt. Stuten erkennen ihr Fohlen bereits nach wenigen Stunden und können es von anderen Fohlen unterscheiden. Verläuft die Prägung erfolgreich und die Bindung der Mutter zum Kind ist aufgebaut, so gestaltet es sich schwierig, ihr ein unbekanntes Adoptivfohlen unterzuschieben. Die Bindung der Stute an ihr Neugeborenes vollzieht sich in einer kurzen, sensiblen Zeitspanne und tritt nach jeder Geburt aufs Neue auf. Die Prägung der Mutter ist demnach nicht an Kindheit und Jugend gebunden, sondern wiederholt sich und ist daher ein prägungsähnlicher Lernvorgang.

Wird ein Fohlen geboren, lässt sich häufig ein Aufweichen der hierarchischen Strukturen innerhalb des Herdenverbandes beobachten. Selbst wenn die Mutterstute vor der Geburt ein rangniedriges Tier war, so wird sie mit der Geburt ihres Fohlens auf unabdingbares Respektieren ihrer Individualdistanz bestehen und damit im Rang steigen.

Im Vergleich zu Prägung vollzieht sich die *Sozialisierung* in deutlich längeren Entwicklungsabschnitten. Zudem sind die dabei stattfindenden Lernvorgänge auch stärker umkehrbar. Mit dem Begriff Sozialisierung ist die sukzessive Eingliederung eines Jungtieres in eine soziale Gruppe gemeint. Für diesen Ablauf existieren Lernfenster, wobei ein viel breiteres Spektrum an Verhaltensmustern als bei prägungsähnlichen Vorgängen beteiligt ist. Jedes Lebewesen lernt im Rahmen der Sozialisierung die sozialen Regeln innerhalb seines Verbandes kennen. Im Vordergrund steht hierbei die Kommunikation. Darüber hinaus erfolgt für alle Fohlen die Gewöhnung (siehe Habituation) an jegliche Lebensbedingungen und die Umwelt.
Die beschriebenen frühkindlichen Lernvorgänge sind ganz entscheidend für die weitere Entwicklung des Jungtieres. Alles, was es wäh-

rend der Phase der Sozialisation nicht erfährt, kann im weiteren Lebensverlauf zu Angst und Unwohlsein führen. Frühkindliche Erfahrungen sind also wichtig für den Aufbau einer Ich-Identität, ermöglichen es, mit Artgenossen angemessen in Kommunikation zu treten, und befähigen zu einem kompetenten Umgang mit Situationen, die eine Reaktion erfordern.

Bollos (QH-Stute) mit Kiss my Cat Baby, Döring Quarter Horse
©Stefan Reichenbecher

In der Fachliteratur herrscht keine universelle Einigkeit darüber, ob bei Pferden reine Prägungsvorgänge ablaufen oder wie lange die Sozialisierungsphase tatsächlich andauert. Trotz mannigfacher Aussagen kann davon ausgegangen werden, dass die relevante Zeitspanne für die frühe Sozialisierung bis zum ca. 45. Lebenstag gegeben ist und bis zum ca. 85. Lebenstag ein wesentliches Zeitfenster für das Bindungslernen an Menschen oder andere Tierarten besteht.

In der Praxis ist es heute üblich und sinnvoll, Abfohlboxen mit Videoüberwachungstechnik auszustatten. Auf diese Weise kann der Mensch die Geburt beobachten und, wenn die Notwendigkeit besteht, aktiv eingreifen und Hilfestellungen leisten. Zudem wird das Stresslevel für Mutter und Kind erheblich gesenkt. Nach der Geburt sollten der Stute und ihrem neugeborenen Fohlen genügend Zeit zum Bindungsaufbau gegeben werden. Im Hinblick auf das spätere Zusammensein des Fohlens mit dem Menschen ist es nicht von entscheidender Bedeutung, ob das Neugeborene den Menschen eine halbe Stunde nach seiner Geburt sieht oder erst einige Stunden später kennenlernt. Hingegen stellt eine ungenügende Bindung an die Mutter ein großes Problem dar. Eine fehlende Beziehung zur Mutter verursacht ernsthafte Entwicklungskonsequenzen und hat fatale Folgen. Auch ein problemloses Miteinander mit dem Menschen und die Nutzung als Reitpferd sind dann ggf. nicht mehr möglich. Entsprechend sind verantwortungsbewusste Züchter immer versucht, beim Ableben der Mutterstute zeitnah eine geeignete Ersatzmutter zu finden, die diese für die Entwicklung des Jungtieres wichtigen Funktionen übernehmen kann.

Wird ein Fohlen geboren, so ist die Freude groß, und jeder möchte am liebsten gleich in die Abfohlbox und Kontakt zu dem Neuankömmling aufnehmen. Aber tut dem Fohlen das auch gut? Wie sieht der richtige Umgang vonseiten des Menschen mit dem Neuankömmling aus?
Robert M. Miller (1991) schildert dazu ausführlich, wie Menschen zeitnah nach der Geburt eines Fohlens mit ihm in Kontakt treten sollten, damit es bestmöglich auf den Menschen geprägt bzw. sozialisiert wird. Seine Methode nennt er „*Imprinting*". Die von Miller empfohlene Vorgehensweise mit Neugeborenen ist stark umstritten

und ist keinesfalls mit dem Auslösen eines Prägungsvorgangs vergleichbar und auch nicht den natürlichen Abläufen nachempfunden. Miller empfiehlt, dass neugeborene Fohlen innerhalb der ersten 1-2 Lebensstunden mit Geräuschen und Berührungen aller Art konfrontiert werden sollten. So früh wie möglich sollen die Fohlen von der Mutter getrennt werden, wobei man ihnen eine Reihe von Verhaltensweisen, wie beispielsweise das Eindecken-Lassen, das Hufegeben oder Anbinden beibringen soll. Zeigt das Fohlen bei diesem „Desensibilisierungstraining" Angst oder Abwehr, so sollen die Berührungen umso intensiver durchgeführt werden. Ist es notwendig, soll das Fohlen auch mit Zwang am Boden fixiert werden.

Eine derartige Reizüberflutung (*Flooding*) löst beim Fohlen entsetzlichen Stress aus, wobei alles Lernen zwangsläufig ausbleibt. In der Natur werden Fohlen selbstverständlich auch mit Stress konfrontiert. Hier sind aber derartige Zwangszustände nicht vorgesehen. Außerdem hat das Fohlen in der Regel verschiedene Handlungsoptionen. Auch kann es unterschiedliche Problemlösestrategien ausprobieren und auf natürliche Weise lernen. Selbstverständlich ist die Auseinandersetzung mit Stressoren für die gesunde Entwicklung eines Lebewesens von entscheidender Bedeutung. Nur hierdurch kann es eine Stresstoleranz entwickeln und zusätzliche wichtige Kompetenzen (z. B. Sozialverhalten) erlernen, die für das weitere Leben (insbesondere in der Gruppe) von entscheidender Bedeutung sind. Durch Zwang und Stress kann aber kein Lernen erfolgen. Verhaltensweisen, die nicht von der Natur vorgegeben sind, können auch durch Imprinting nicht ausgelöst werden.

„Alles, was gegen die Natur ist, hat auf Dauer keinen Bestand. "

(Charles Darwin)

Vielmehr kann sogar davon ausgegangen werden, dass dieses Vorgehen im späteren Leben des Fohlens zu Verhaltensproblemen führt und sich zudem eine *erlernte Hilflosigkeit* einstellt, die es verhindert, dass sich das Pferd später an neue Situationen gewöhnen kann. Dagegen konnten viele Studien aufzeigen, dass Fohlen, die einen regelmäßigen und freundlichen Kontakt zu Menschen haben, insgesamt unproblematischer im Umgang sind und dem Menschen generell mehr Vertrauen entgegenbringen. Im Beisein der Mutter sollte man dem Fohlen alles beibringen, was es für das spätere Leben und das Zusammensein mit dem Menschen braucht. Hierzu zählen: Hufe heben, sich putzen lassen und stillstehen. Es macht überhaupt keinen Sinn, ein Fohlen von seiner Mutter zu trennen. Wir sollten frühes Lernen behutsam fördern, aber keinesfalls lebensnotwendige Prägungsvorgänge verhindern.

Der liebevolle Kontakt der Mutter zu ihrem Neugeborenen ist sowohl für Tiere als auch für Menschen entwicklungsbestimmend und richtungsweisend für das weitere Leben. Spätestens seit den entwicklungspsychologischen Studien von R. Spitz in der Kleinkind- und Säuglingsforschung ist klar, dass mangelnde Zuwendung und fehlender Körperkontakt zu schweren Beeinträchtigungen, Verhaltensauffälligkeiten und Erkrankungen führen. Vergleichbar zu menschlichen Säuglingen, die eine frühe Trennung von der Mutter erleben, stellt auch der Verlust der Mutter für Fohlen ein Trauma dar. In der Natur kann die Trennung von der Mutter (und dem Herdenverband) den sicheren Tod bedeuten. Vergleichbar zu kleinen Kindern konnten bei Säugern vieler „sozialer" Tierarten nach Verlust der Mutter Traumasymptome nachgewiesen werden. Eine solche entwicklungsschädigende Traumatisierung stellt sich auch bei zu frühem Absetzen ein. Die Pferde werden dann meist nicht nur von der Mutter abrupt getrennt, sondern auch von den ihnen bekannten Mitgliedern des Herdenverbandes isoliert. Viele Züchter möchten ihre Stuten zeitnah wieder im Sport oder weiter in der Zucht einsetzen oder den Jährling schnell gewinnbringend verkaufen.

Um später ein selbstsicheres Pferd zu haben, welches der Welt und den Menschen mit viel Urvertrauen entgegentritt, ist es sinnvoller, den Jungspund nach dem langsamen und sukzessiven Absetzen von der Mutter in eine Gruppe zu integrieren, die sowohl aus bekannten Gleichaltrigen als auch aus älteren Pferden besteht, die dem Neuankömmling Sicherheit und Geborgenheit vermitteln und darüber hinaus weitere „Erziehungsaufgaben" übernehmen können. Dieses Vorgehen hat den Vorteil, dass neben dem Verlust der Mutter nicht auch noch die Trennung von der Gruppe hinzukommt.

Für die Entwicklung eines Fohlens ist es entscheidend, wenn der Mensch sich ihm auf eine sanfte und respektvolle Weise nähert. Besonders die Jungtiere von Säugern weisen einen hohen Grad von Neugierde auf. Dies ist eine sehr vorteilhafte Eigenschaft, die dazu führt, dass auch Fohlen frühzeitig viele Erfahrungen mit der Umwelt machen möchten. In diesem Sinne sollte der Mensch sich ganz unaufdringlich anbieten und sich die Wissbegier und den Erkundungsdrang des Tieres zunutze machen. Stellt die Mutter dazu noch ein stressfreies Vorbild da, so sind die besten Voraussetzungen für positives Lernen am Modell gegeben.

Pferde lernen ihr Leben lang durch die Beobachtung ihrer Artgenossen. Bei dieser Orientierung am Sozialpartner geht es weniger um kognitive Vorgänge, sondern vielmehr um das Erfassen des emotionalen Zustandes und die damit in Verbindung stehenden Handlungsmuster (siehe Beobachtungslernen). Ist die Mutterstute emotional ausgeglichen, wird sich auch das Fohlen entspannter dem Menschen nähern. Verhält sich die Mutter dem Menschen gegenüber aggressiv und reagiert unruhig, wenn sich ihr jemand nähert, so wird sich ihr Fohlen vorerst hinter ihr verstecken und wenig Neugierde zeigen.

Kommt ein Fohlen in der Box zur Welt, sollten sich zunächst ausschließlich der Stute vertraute Menschen ruhig außerhalb der Box aufhalten. Stress und Hektik auf der Stallgasse müssen dringend vermieden werden.

Ein auf der Koppel geborenes Fohlen sollte vorerst mit einigem Abstand beobachtet werden. Der Mensch kann sich ruhig hinsetzen und abwarten, bis sich die Mutter-Kind-Bindung etabliert hat. Frühestens nach der ersten Milchmahlzeit kann sich ein der Stute gut bekannter Mensch nähern und zuerst Kontakt mit der Mutter aufnehmen. Meist kommt das Fohlen dann auch freiwillig und beginnt, den Menschen neugierig zu beschnuppern. Erste Berührungsversuche des Fohlens können jetzt ganz behutsam unternommen werden. Weicht es aber der Kontaktaufnahme aus, so sollte kein Druck ausgeübt werden. Die Neugierde wird siegen und es wird sich abermals nähern, bis es gelernt hat, dass vom Menschen keine Gefahr ausgeht.

Das primäre Lernziel bei der ersten Kontaktaufnahme mit dem Fohlen sollte die Lernerfahrung für das Fohlen sein, dass vom Menschen keine Gefahr ausgeht. Zeigt das Fohlen bei einer bestimmten Berührung Unruhe, sollten wir einfach gelassen abwarten, uns weiterhin ermunternd anbieten und den natürlichen Forschungseifer des Fohlens triumphieren lassen. Mit diesem respektvollen und entspannten Umgang ist die Grundlage für alles weitere Handling und spätere Training gelegt.

Lernfähigkeit erkennen und Motivation fördern

Erfolgreiche Lernvorgänge setzen immer voraus, dass der Lernende die notwendige körperliche und seelische Reife in seiner Entwicklung bereits erreicht hat. Auch das Pferdeverhalten unterliegt – vergleichbar mit dem Pferdekörper – bestimmten individuellen Entwicklungsprozessen. Werden Organismus oder das Lernvermögen überfordert, kann dies in Rückschritten der Ausbildung münden. Wir erreichen wenig, wenn unser Pferd zwar versteht, was wir von ihm wollen, es aber nicht fähig ist, die Anforderungen in eine entsprechende Leistung umzusetzen. Oberste Priorität bei allen Lernprozessen ist immer, dass das Leistungsvermögen unseres Pferdes nicht überlastet wird. Wir sollten zudem nur solche Verhaltensweisen und Abläufe in der Bewegungsfähigkeit abverlangen, die in unserem Pferd von Natur aus angelegt sind. Bereits vorhandene Anlagen sollten gefördert und zur Entwicklung angeregt werden:

► Arttypische Voraussetzungen,

► Rasse,

► Gebäude,

► Erfahrung,

► Psyche,

► Individualität und

► Temperament.

Der Verantwortungsbereich, die individuelle Eignung und Grenzen sowie die Veranlagung eines Pferdes zu erkennen, liegt bei jedem Menschen, der mit Pferden umgeht und sie ausbilden möchte. Die an das Pferd gestellten Aufgaben und Anforderungen müssen gemäß seinem gegenwärtigen Leistungsvermögen sein.

Neben ererbten Einflüssen hängt die Lernfähigkeit eines jeden Pferdes auch immer von dessen vorangegangenen Erfahrungen ab. Das Lernvermögen von Pferden sollte folglich bereits frühzeitig gefördert werden. Hierfür sind die Umweltbedingungen ganz entscheidend. Schon dem Jungpferd sollten ausreichend Reize, Lernmöglichkeiten und Beschäftigung geboten werden.

Alles Verhalten ist immer eine Interaktion eines Individuums mit dessen unmittelbarer Umwelt. Ein spezifischer Reiz (Signal oder Auslöser) wird meist mit einem bestimmten Verhalten beantwortet. Das Verhaltensspektrum eines Lebewesens geht aber stets über eine simple Reizreaktion hinaus. So können sich beispielsweise Pferde in äußerlich verwandten Situationen absolut unterschiedlich verhalten. Während sowohl Art und Intensität des auslösenden Reizes das Tier in seiner Reaktion beeinflussen, bestimmt besonders der innere Zustand (*Handlungsbereitschaft/Motivation*) des Pferdes sein aktuelles Verhalten. Die Motivation, eine spezifische Handlung zu zeigen, kann unterschiedlich verlaufen und unterliegt inneren (endogenen: Hormone, genetische Veranlagung) und äußeren (exogenen: Tagesstruktur, Verhalten der Artgenossen bzw. des Menschen, Belohnung) Einflüssen.

Da Pferde unter natürlichen Bedingungen häufig mehreren Auslösereizen ausgesetzt sind, kann es schnell zu Konfliktsituationen kommen. Überlagern sich mindestens zwei Handlungsbereitschaften, hemmen sie sich bei gleich starker Ausprägung gegenseitig. Hierin liegt die Ursache, warum Pferde manchmal bestimmtes Verhalten nur andeuten und nicht abschließend ausführen. Sich widersprechende innere Aktivitätstendenzen können sich äußern in z. B. Rückzug, Ausweichen oder Übersprungshandlungen. Letztere treten auf, wenn Pferde beispielsweise beim arttypischen Erkundungsverhalten gleichzeitig zur Flucht *und* zur Annäherung ansetzen. Aus der Entscheidungsunsicherheit heraus beginnen sie, mit den Hufen zu scharren, ausgeprägt mit dem Maul zu kauen oder gähnen unentwegt.

Besonders die Fluchtbereitschaft von Pferden führt häufig zu Problemen in Situationen wie beispielsweise bei der tierärztlichen Behandlung, beim Schmied, beim Verladen oder beim Passieren unbekannter Objekte. Befindet sich ein Pferd in einem Konflikt zwischen zwei möglichen Handlungsbereitschaften (*Flucht* oder *Gehorsam*), entscheiden das Vertrauen des Pferdes in seinen Menschen und die vorangegangene Beziehungsarbeit, ob es seinen Fluchtinstinkt überwinden kann und bereitwillig seinem Partner Mensch folgt. Ungelöste Konflikte überfordern unser Pferd langfristig. Die Folge sind Anpassungsprobleme, Frustrationen und Verhaltensauffälligkeiten.

Jede Motivation ist ein Erregungszustand, wobei ein mittleres Erregungsniveau zu wirkungsvollerem Verhalten führt als ein sehr hohes oder zu niedriges. Stress, als positive Motivation, kann eine Verbesserung der kognitiven Leistungsfähigkeit erzielen. Dies geschieht allerdings nur, wenn sich die Konzentration der Stresshormone in einem durchschnittlichen Mittelmaß befindet. Die Lernfähigkeit sinkt also rapide bei einem ruhenden bzw. stark aufgeregten Pferd. Völlig blockiert sind Pferde bei großer Panik. Entsprechend schwerer fällt nervösen Pferden das Lernen, wobei sie nicht weniger lernfähig sind, sondern vielmehr bedingt durch ihre Unruhezustände länger dafür brauchen. Ruhigere Tiere machen dagegen deutlich schnellere Lernfortschritte, da sie weniger Anfälligkeiten für Ablenkungen zeigen und insgesamt konzentrationsfähiger sind. Für die Praxis heißt das: Vor allem immer für eine ruhige Lernumgebung und viel Sicherheit sorgen.

Bezogen auf den gerechten Umgang mit Pferden müssen wir uns auch im Zusammenhang mit dessen Lernverhalten immer wieder bewusst machen, dass Pferde – genau wie Menschen – unterschiedliche Motivationszustände haben. Diese können täglich bzw. stündlich wechseln. Wir sollten also mit Bedacht die Motivation unseres Pferdes für die Arbeit fördern. Hierfür ist ausschlaggebend, dass sich die Handlungsbereitschaft des Pferdes vorwiegend auf die gestellten Aufgaben bezieht. Andere Motivationen wie z. B. Fortpflanzungstrieb (besonders bei Hengsten oder rossigen Stuten), Fluchtverhalten oder ausgiebiges Fressen gehören nicht in die gemeinsame Arbeitszeit. Ansonsten treten vermehrt Probleme und Konflikte zwischen Mensch und Pferd auf. Konsequenz tut hierbei not.

Verbindet unser Pferd negative Erfahrungen mit uns und den angebotenen Lerneinheiten, so wird es andere unabhängige Handlungsbereitschaften der Arbeit mit uns vorziehen. Dominieren andere Motivationen und hemmen die Bereitschaft zur Mitarbeit des Pferdes, so sollten wir durch gezielte Belohnung erwünschtes Verhalten fördern. Auf diese Weise vergrößert sich der Wunsch unseres Pferdes mit uns zusammenzuarbeiten. Hierzu in den kommenden Abschnitten mehr.

Habituation

Neue, überraschende oder sich widersprechende Reize führen beim (Pferde-)Organismus notwendigerweise zu *Orientierungsreaktionen*. Der Körper reagiert mit allgemeiner Erregung und Aufmerksamkeit. Um den Organismus auf eine mögliche Handlung vorzubereiten, erhöht sich die Muskeltätigkeit und es kommt insgesamt zu einer höheren Sensibilität. Bei unerwarteten Bewegungen, plötzlichen Berührungen oder fremden Geräuschen antwortet der Pferdekörper durch aufmerksames Horchen, Sichern und Schauen. Ein bislang unentdeckter Geruch oder Geschmack löst bei Pferden Flehmen oder Wittern aus. Sehen sie sich aber mit bekannten Reizen konfrontiert, also solche, die keinerlei neue Informationen bereithalten, so nehmen jegliche Reaktionen ab oder werden komplett eingestellt (*Habituation*). Diese Form der Gewöhnung setzt besonders bei Reizen ein, mit denen ein Pferd weder sonderlich positive noch auffallend negative Erfahrungen verbindet. In diesem Sinne kann Habituation als Reizschwellenerhöhung definiert werden, die einen relativ einfachen Lernvorgang darstellt. Im günstigsten Fall überträgt ein Pferd, das beispielsweise einst ängstlich auf blaue Planen reagierte, die schrittweise Gewöhnung auf „alles Flatternde" in seiner Umgebung – unabhängig von Farbe und Form (*Reizgeneralisierung*). Soviel zur Theorie.

In der Praxis stellt sich ein Lernvorgang hingegen als deutlich schwieriger und vor allem langwieriger dar. Wer sein Pferd z. B. an Planen gewöhnen möchte, dem ist wenig geholfen, wenn er durchgängig mit derselben Plane am selben Ort übt. Damit ein ängstliches Pferd wirklich begreift, dass Planen ungefährlich sind, müssen dieselben unbedingt in Farbe, Größe und Material variieren. Auch die Örtlichkeit muss mehrfach gewechselt werden. Da sich die optische Wahrnehmung des Pferdes von der des Menschen unterscheidet (siehe Kapitel 2), müssen ängstliche Pferde mit dem Objekt Plane sowohl von der rechten als auch von der linken Seite schrittweise konfrontiert werden. Ähnlich verhält es sich beim Verladetraining. Zur langsamen Gewöhnung ist es sinnvoll, zunächst am selben Ort und mit dem gleichen Hänger zu trainieren, bis sich das Pferd sicher verladen lässt. Wird die Übungssituation im weiteren Trainingsverlauf nicht abgewandelt, so kann es sein, dass man sein Pferd am Heimatstall zwar problemlos verladen kann, es aber in fremder Umgebung nicht wieder einsteigen will.

Die Habituation ist also mitunter ein sehr langer Prozess. Dagegen kann eine einmalige schlechte Erfahrung (auch in einer Übungssituation) in einer sofortigen *Dishabituation* münden. Auch können die langwierig erlernten Gewöhnungsprozesse nach einiger Zeit wieder verloren gehen. Entsprechend ist davon auszugehen, dass Gewöhnungsreaktionen zum langfristigen Erhalt durch weitere Lernvorgänge gefestigt werden müssen.

„Lernen ist wie Rudern gegen den Strom.
Sobald man aufhört, treibt man zurück."
(Benjamin Britten)

Pferde sind zur *Anpassung* an ihre Umwelt imstande. Die Abnahme einer Reaktion des Pferdes auf einen Reiz, der als biologisch irrelevant aufzufassen ist, stellt eine solche dar. Pferde sind meist gewillt, unnötige Aktivitäten zu unterlassen. Diese kosten Energie und sind nicht geeignet, ihren Zustand zu verbessern. Grundsätzlich gilt: Pferde zeigen zwar generell schnell die Bereitschaft zur Flucht, sie sind aber auch äußerst lernfähig, wenn sich eine Flucht nicht als gewinnbringend darstellt. Macht ein Pferd bei der Konfrontation mit einem neuen Reiz (z. B. laute Geräusche eines Traktors) keine schlechten Erfahrungen, so wird aus der anfänglichen Fluchtbereitschaft schnell ein routinierter Umgang mit dem neuen Objekt. Ein Pferd, das bei jedem Reiz immer flüchtet, verschwendet lebenswichtige Energiereserven. Die Anpassungsbereitschaft des Pferdes können wir für seine Ausbildung nutzen.

Sensitivierung

Als Gegenpart zur Habituation reagiert ein Pferd bei der *Sensitivierung* auf einen wiederholten Kontakt mit einem Signal immer empfindlicher. Haben die Signale einen hohen Stellenwert für die biologische Fitness, so verlaufen die Prozesse der Sensitivierung deutlich schneller und nachhaltiger ab. Im Vergleich zur Gewöhnung sind sie komplizierter rückgängig zu machen. Der Grund hierfür liegt tief in der Natur des Pferdes verwurzelt: Die Schnelligkeit, mit der ein Pferd in der Lage ist, auf einen potenziellen Gefahrenreiz (mag dieser auch noch so gedämpft und leise sein) zu reagieren, ist überlebenswichtig. Diese lebensrettenden Reaktionen zu verlernen, wäre unsinnig und gefährlich.

Sowohl gegenüber optischen als auch akustischen Signalen sensitivieren Pferde sehr schnell. Gerüche deuten sie dagegen weniger als frühe Warnsignale, da dieselben auf eine meist entfernte Gefahr hindeuten, sodass sie nicht unmittelbar reagieren müssen. Eine Sensitivierung gegenüber Gerüchen hat keinerlei biologischen Gewinn für Pferde. Feinde können sie bei Windstille ohnehin erst riechen, wenn diese bereits riskant nah sind.

Latentes Lernen

Wenn Pferde eine neue Umgebung kennenlernen, dann inspizieren sie Wasserstellen, Schattenplätze und Aussichts- bzw. Fluchtmöglichkeiten usw. Bei dieser Erkundung findet latentes Lernen statt. Eine offensichtliche direkte Belohnung ist hierbei nicht gegeben. Auch wenn Pferde die genannten Erkundungsstellen nicht immer sofort nutzen, so können sie dieselben bei Bedarf zu jeder Zeit aufspüren bzw. wiederfinden. Latentes Lernen ist also durchaus geeignet, sowohl die Überlebensfähigkeit zu erhöhen als auch den eigenen Zustand zu optimieren. Hierdurch erklärt sich vermutlich auch das zuverlässige Heimfindevermögen von Pferden (siehe Kapitel 2: Der Zeit- und Orientierungssinn). Einen Beispielbericht für typisches latentes Lernen erläutert Hendrix (in Waring 1983): Ein Pferd wurde bei Ausritten regelmäßig an einer Straße zum Anhalten aufgefordert und erhielt erst das Kommando zum Überqueren, wenn der Verkehr nachließ. Als der Reiter bei einem Ausritt davon überzeugt war, die Straße sei frei und sein Pferd zum Vorwärtsgehen veranlassen wollte, verweigerte dieses. Es fixierte ein heranfahrendes Auto so lange, bis es vorbeigefahren war, und ging erst dann los. Das Pferd hatte gelernt, dass nicht ausschließlich die Hilfengebung seines Reiters über das Stoppen an der Straße bestimmt, sondern auch die herankommenden Autos.

Beobachtungslernen

Nachahmung und Beobachtung anderer Artgenossen (vor allem zunächst der Mutterstute) findet ein ganzes Pferdeleben lang statt. Besonders Fohlen lernen durch Beobachtung, welche Futtermittel zur Nahrungsaufnahme geeignet sind und welche nicht. Alle Verhaltensweisen lernen Pferde grundsätzlich schneller und nachhaltiger, wenn sie gemeinsam mit erfahrenen Gruppenmitgliedern durchgeführt werden.

Verhaltensauffälligkeiten, wie Koppen oder Weben, sind in Verdacht, dass sie bei anderen Artgenossen abgeschaut werden. Manche Ställe weisen auch tatsächlich eine höhere Anzahl erkrankter Tiere auf. Gegen diese Theorie spricht aber, dass eben genau diese Ställe vermehrt unzulängliche (ggf. tierschutzrelevante) Haltungsbedingungen aufweisen und daher Störungen im Verhalten fördern und nahezu herausfordern.

Konditionierung und Assoziation

Unter *Assoziation* können zwei Lernweisen zusammengefasst werden:

1)   Klassisches Konditionieren und
2)   operantes Konditionieren.

Unter Experimentalbedingungen lassen sich diese Konditionierungsformen deutlich einfacher voneinander abgrenzen als unter natürlichen Voraussetzungen. In der „Stallatmosphäre" bei ungekünstelten Einflüssen treten beide vielfach in Verbindung miteinander auf.

Im Rahmen einer *klassischen Konditionierung* zeigen Pferde eine unwillkürliche biologische Reaktion auf einen Reiz. Wird ein unkonditionierter Reiz wiederholt mit einem neutralen Reiz gepaart, so führt dieser in der Folge auch allein zu der entsprechenden Reaktion. Der einst neutrale Reiz wird somit zum konditionierten Reiz und löst eine erlernte Reaktion aus. Zwei Reize werden so miteinander verknüpf, dass sie dasselbe Verhalten auslösen.

In einem Beispiel: In seinem berühmten Experiment untersuchte Ivan Pawlow den Zusammenhang von Speichelfluss und Verdauungsvorgängen bei Hunden. Bei Zwingerhunden entdeckte er, dass bereits das Geräusch der Schritte des Besitzers, dem regelmäßig die Fütterung folgte, Speichelfluss auslöste, obwohl keinerlei Futter in Reichweite war. Das Signal „Futter" wurde also mit dem Signal „Geräusch" verknüpft.

Angeborenerweise löst der Reiz „Futter" bei Säugetieren spezifisches Verhalten aus. Durch Wiederholungen der Verknüpfung *Futter - Geräusch* löst alleine das Geräusch (z. B. ein Glockenton) entsprechende Verhaltensreaktionen aus. Das Futter muss dann gar nicht mehr gezeigt werden. Entscheidend für eine gelingende klassische Konditionierung ist neben der Wiederholung der Reizkonstellation auch die zeitliche Nähe beider Reize. Geht der bedingte Reiz dem unbedingten unmittelbar voraus, lassen sich die größten Lernerfolge erzielen. Zudem ist die Motivation des Lernenden entscheidend. So wirkt sich Nahrung selbstverständlich verstärkend auf den Lernprozess aus, wenn das Tier hungrig ist.

Der Vorgang des klassischen Konditionierens findet bei Pferden relativ häufig – wenn auch unbemerkt und ungewollt – statt. So ist es nicht ungewöhnlich, dass ein Pferd bei der Stimme oder dem Anblick des bekannten Tierarztes, mit dem es negative Erfahrungen verbindet, nervös wird oder Ausweichverhalten zeigt. Bestimmte Geräusche verbinden Pferde schnell mit Ereignissen. So können die Geräusche von Futtereimern ein Erwartungshalten auslösen, das sich in Hufescharren oder Wiehern äußert. Wiederkehrende Ereignisse zu einer regelmäßigen Tageszeit verursachen schon vorher erhöhte Aufmerksamkeit.

Vorgänge des Konditionierens können vom Pferd anfangs auch auf andere Reize übertragen werden (*Reizgeneralisierung*). Dies geschieht beispielsweise, wenn ein Pferd sein Futter üblicherweise mithilfe eines Futterwagens erhält und zunächst auf die Rollgeräusche unterschiedlicher Wagen mit Futtererwartung reagiert. Wird aber wiederholt ausschließlich der exakte konditionierte Reiz verstärkt, so reagiert das Pferd später nur noch auf den tatsächlichen Futterwagen.

Nicht nur „gewolltes" Verhalten lässt sich durch die klassische Konditionierung erlernen. Emotionale Zustände empfinden zu können ist bei Pferd und Mensch angeboren. Angstzustände bzw. Auslöser (vor bestimmten Objekten) sind allerdings meistens erlernt und nicht direkt über die Gene fixiert. Entsprechend lassen sie sich auch wieder verlernen. Klassisch konditioniertes Reaktionsverhalten kann zudem wieder gelöscht werden. Dies geschieht, wenn dem Pferd der konditionierte Reiz (Klappern des Futtereimers) wiederholt ohne den unkonditionierten Reiz (keine nachfolgende Fütterung) offeriert wird. Folgt nach der Löschung eine Lernpause, so kann das Phänomen der *Spontanerholung* eintreten. In einem solchen Fall löst der ursprünglich konditionierte Reiz auch ohne Koppelung mit dem unkonditionierten Reiz spontan die erlernte Reaktion wieder aus.

Eine weitere Lernvariante ist die *operante (instrumentelle) Konditionierung*. Behavioristen vertreten die Anschauung, dass das Verhalten eines Tieres vollends durch Belohnung für erwünschte Reaktionen beeinflusst werden kann. Bestrafung für unerwünschtes Verhalten ist hierbei weniger verlässlich. Entsprechende behavioristische Forschungen (vornehmlich in den Vereinigten Staaten) haben gezeigt, dass durch assoziatives Lernen alle dazu befähigten Lebewesen eine beinahe unüberschaubare Anzahl von Reaktionsweisen erlernen können.

Assoziatives Lernen kann völlig spontan gezeigt werden. Beispielsweise können Pferde ihren Besitzer am Geräusch seines Autos erkennen. Sie reagieren schon auf das Motorengeräusch des betreffenden Pkws mit Begrüßungsritualen (z. B. an den Weidezaun laufen, wenn mit dem Eintreffen des Besitzers Positives verbunden wird). Das Pferd hat also mit dem Geräusch des Autos die Ankunft seines Menschen assoziiert und gelernt: *Wenn das Geräusch kommt, dann passiert was Gutes (Aktion, Streicheleinheit, Futter).* Wird ein solches zufälliges Lernen belohnt, so wird es in der Folge häufiger gezeigt. Die operante Konditionierung ist also das Lernen am Erfolg oder das Lernen durch Versuch und Irrtum. Voraussetzung für diesen Prozess ist immer ein zunächst zufälliges Auftreten eines Verhaltens. Eine Verhaltensweise muss also erst einmal freiwillig gezeigt werden. Durch Belohnung des gewünschten Verhaltens kommt es zu einer erhöhten Verhaltenshäufigkeit. Lob führt im richtigen Moment zum Lernerfolg.

B. F. Skinner hat in seinen wissenschaftlichen Studien das operante Konditionieren näher untersucht. In die sog. Skinner Box, ein reizarmer Raum oder Käfig für Versuchstiere, werden verschiedene Tierarten (z. B. eine hungrige Ratte oder Taube) gesetzt. Dem Versuchstier wird *kein* unbedingter Reiz geboten. Während der Erkundung der Box führen die Tiere unterschiedliche Aktivitäten aus. Drücken sie zufällig auf einen angebrachten Hebel (Ratte) oder eine Pickscheibe (Taube), so wird dieses Verhalten mit Futter belohnt (*positive Verstärkung*). Gezeigtes Verhalten wird also durch eine Konsequenz beeinflusst.

Die Ergebnisse verschiedener behavioristischer Studien wurden nicht nur auf das tierische, sondern auch auf das menschliche Verhalten bzw. die Entstehung psychischer Erkrankungen übertragen. Es entwickelte sich mit der Verhaltenstherapie eine neue Therapieform. Hierbei soll durch das gezielte Einüben „gesunder" Verhaltensweisen bzw. Strategien im Umgang mit Problemsituationen (z. B. bei Angststörungen, Zwangserkrankungen usw.) eine Symptomverbesserung eintreten. Tatsächlich können psychische Krankheiten durch das beschriebene Reiz-Reaktions-Lernen statistisch deutlich besser behoben werden als durch die bekannte tiefenpsychologische Gesprächstherapie.

Nicht unerwähnt bleiben soll, dass die Behavioristen dem, was in der „Black Box" bei Mensch oder Tier passiert, wenig Beachtung beimessen. Was zwischen Reiz und Reaktion geschieht, hat bei diesem Lernansatz keinerlei Bedeutung. Es zählt ausschließlich das Ergebnis.

Belohnung und Bestrafung

Mit Verstärkung ist im Rahmen des Erlernens von Reizreaktionen jener Prozess gemeint, der dazu führt, dass ein Verhalten zunehmend auftritt. Verstärker sind also solche Konsequenzen, die die Wahrscheinlichkeit erhöhen, dass ein bestimmtes Verhalten wiederholt gezeigt wird.

► **Belohung**: *Positive Verstärkung* erhöht die Verhaltenshäufigkeit und die Auftretenswahrscheinlichkeit. Beispiele für positive Verstärkung sind bei Tieren Futter, Nachlassen des Schenkeldrucks, Nachgeben des Zügels, stimmliches Lob oder Kraulen. Menschen reagieren dagegen verstärkt mit erwünschtem Verhalten, wenn sie sich Anerkennung oder Geld versprechen. Mit *negativer Verstärkung* ist das Entfernen oder Verhindern aversiver (unangenehmer) Reize (z. B. Lärm, störende Lichtquellen, unangenehme Temperaturgegebenheiten) gemeint. Eine Belohnung ist also jede Veränderung, die dem Lernenden angenehm ist.

▶ **Bestrafung**: Um die Verminderung eines gezeigten Verhaltens zu erreichen, kann eine Bestrafung eingesetzt werden. Alle negativen Reize (durch z. B. die Hand, die Gerte oder die Stimme des Menschen), die auf ein Verhalten folgen, sind eine Bestrafung.

Alles, was ein Pferd zum Überleben braucht, hat auch eine Verstärkerfunktion. Es ist tief in der Natur des Pferdes verankert, dass es seine biologische Fitness optimieren will. Hierzu eignen sich Ressourcen wie Nahrung, Territorium, Sozialkontakt, Fortpflanzungspartner und körperliche Unversehrtheit. Besonders Futter und der Kontakt zu einem Sozialpartner haben rein biologisch schon eine Verstärkerfunktion. Beide haben das Potenzial, Lernvorgänge zu beeinflussen bzw. auszulösen.

Über die Qualität des Verstärkers entscheiden die Gegebenheiten der Situation. Einem satten Pferd ein Leckerli anzubieten, das es dazu nicht sonderlich mag, wird wenig Erfolg auf den Lernprozess ausüben. Ähnlich verhält es sich mit dem Sozialkontakt. Pferde, die negative Erfahrungen mit Menschen gemacht haben oder bislang kaum Menschenkontakt in ihrer Sozialisation hatten, legen wenig Wert auf Streicheleinheiten. Entsprechend können auch gut gemeinte Körperkontakte, Aufmerksamkeit oder positive Ansprache Ignoranz oder sogar Angst auslösen. Auch Pferde, die ausreichend Sozialkontakt zu Artgenossen haben, werten die Ansprache eines Menschen nicht zwangsläufig als geeignet, ihren Zustand zu optimieren. Wer sein Pferd dazu noch mit permanenter Liebkosung überhäuft, muss sich nicht verwundert zeigen, wenn es in einer angebotenen Lerneinheit nicht sonderlich beeindruckt von dem Zuspruch ist. In einem solchen Fall muss der Mensch zunächst Grundlagen schaffen, damit die Verstärkerqualität überhaupt gegeben ist. Die Lösung kann allerdings nicht in der Isolierung des Tieres liegen, damit dann das Lernen funktioniert. Ein solches Vorgehen wäre tierschutzwidrig.

Wir müssen unser Pferd und dessen Bedürfnisse genau beobachten. Nur wenn wir verstehen, was unser Pferd braucht und *wie* es lernen möchte, können wir Verstärker sinnvoll einsetzen. Nicht alle Pferde empfinden die gleiche Vorgehensweise als belohnend. Während einige Pferde sehr gut mit Leckerlis lernen, bevorzugen andere Pferde, an einer bestimmten Stelle gekrault zu werden. Besonders das „Druckwegnehmen" (z. B. Nachlassen des Schenkeldrucks) wird aber von vielen Pferden als entlastend und positiv gewertet. Hingegen begreifen Pferde das immer noch weitverbreitete Klatschen auf den Pferdehals nicht als Lob. Eher ist dieses mit Schmerz verbunden und erinnert an strafendes Klapsen.

Soll ein Lernvorgang erfolgreich sein, so müssen kontinuierlich folgende 3 Faktoren gegeben sein:

1) *Zeitliche Nähe* von Aktivität und Belohnung: Ein Verstärker sollte maximal innerhalb einer Sekunde gegeben werden und nicht über drei Sekunden andauern.
2) *Wiederholung* der Konstellation und
3) *Motivation* des Tieres.

Darüber hinaus ist die Wirksamkeit von Belohnung oder Bestrafung immer davon abhängig, *wer* sie anwendet. Besteht eine enge Bindung zwischen Mensch und Pferd, so verstärkt dies den Lernprozess. Übermäßige Anwendung wirkt sich entwicklungshemmend aus, wobei sowohl Belohnung als auch Bestrafung ihre Wirksamkeit verlieren können.

Belohnung und Bestrafung müssen unmittelbar im Anschluss an ein Verhalten erfolgen. Ein Lerneffekt bleibt ansonsten aus. Eine Strafe sollte allerdings nur eingesetzt werden, wenn es wirklich erforderlich ist. Meist ist es ausreichend, ein ungewünschtes Verhalten nicht zu belohnen. Wer widriges Verhalten reduzieren möchte, dem ist auch häufig mit Ignoranz geholfen. Zumindest ist bei dieser Vorgehensweise sichergestellt, dass unser Pferd eine Strafe nicht mit Aufmerksamkeit (Lob) verwechselt und sich in seinem Verhalten bestärkt und bestätigt fühlt. In einem alltäglichen Beispiel: Pferde lieben Leckerlis und eins zu bekommen scheint bei manchen Artvertretern oberstes Gebot zu sein. Viele Leckerlis sind besser als eins. Also versuchen Pferde sich dieselben aus den Taschen des Besitzers zu fischen. Macht ein Pferd nun in der Folge seines unerwünschten Verhaltens die *konsequente* Erfahrung, dass der Mensch wortlos weggeht, wenn es sich mit dem Maul der Tasche nähert, so wird es sein Verhalten abändern, da es nicht ans Ziel kommt. Sich selbst bedienende Pferde sind immer „hausgemacht", da es vielen Menschen an der Beharrlichkeit mangelt, in jedem Fall wegzugehen, wenn das Pferd sich bedienen möchte. Je nach Motivationszustand und Hartnäckigkeit des Pferdes kann dies auch mehrere hundertmal sein, bis das Pferd verstanden hat, dass, nähert es sich den Taschen voller Leckereien, dieselben unmittelbar außer Reichweite verschwinden.

Weiter ist es ganz entscheidend – ähnlich wie in der Kommunikation mit dem Pferd – keine doppeldeutigen Botschaften an das lernende

Pferd auszusenden. Eine Bestrafung sollte nicht in Verbindung mit einer Belohnung erfolgen. Beispielsweise ist es unsinnig ein Pferd, das sich während eines Ausrittes etwas Gras genehmigt, zu bestrafen, während es frisst. Besser ist es, dieses Verhalten von vorneherein zu unterbinden.

In einem anderen alltäglichen Fall lassen sich Bestrafung und Belohnung allerdings nicht ganz voneinander trennen. Bei der ggf. schmerzhaften oder unangenehmen Behandlung durch den Tierarzt ist es von beachtlichem Vorteil, wenn unser Pferd die Belohnung durch seinen Menschen (z. B. Lob über die Stimme) als gewichtiger ansieht als die „Strafe" (Schmerz) durch den Tierarzt. Dies lässt sich nur über eine vertrauensvolle Beziehung erreichen.

Bestrafung als Mittel zur Gehorsamkeitsbildung ist prinzipiell deutlich weniger wirksam als eine Belohnung. Dies trifft sowohl auf Pferde als auch auf die menschliche Entwicklung zu.

> *„Vor allem darf ein Pferd niemals aus schlechter Laune heraus bestraft werden, aus Ärger oder weil man beleidigt ist, sondern immer nur mit vollkommener Leidenschaftslosigkeit."*
> *(Francois Robichon de la Gueriniere)*

Grundsätzlich gilt, dass eine unangemessene (zu harte oder zu späte) Strafe immer dem Vertrauensverhältnis schadet und Angst sowie Anspannung erzeugt. Jedweder Erfolg bleibt bei einer solchen Vorgehensweise aus.

Für Lernvorgänge reicht es überdies nicht aus, dass ein unerwünschtes Verhalten einfach nur unterbrochen oder abgestellt wird. Es muss ein Alternativverhalten angeboten werden (z. B. anstelle von *beißen* vorsichtig *beschnuppern*). Häufiges Bestrafen kann bei Pferden (und Menschen) in der sog. *erlernten Hilflosigkeit (learned helplessness)* münden. In der Folge ständiger Machtlosigkeitsgefühle und der Erfahrung der Hilflosigkeit wird das Spektrum des Verhaltens auf unangenehme Zustände beschränkt. Häufiges Bestrafen kann eingeschränkt zu scheinbar gut funktionierendem Verhalten führen. Dennoch zeigen „hilflose" Pferde nur noch solches Verhalten, mit dem sie keine Strafe assoziieren. Da das Pferd nur noch in Angst vor negativen Konsequenzen lebt, leidet das Vertrauen zum Menschen erheblich. Schrittweise wird es sich dem menschlichen Einfluss zu entziehen versuchen. Gemeinsames Lernen ist jetzt nicht mehr möglich.

Voraussetzung für einen gelingenden Lernprozess ist die wiederholende Darbietung einer Konstellation. Übermäßiges Üben ein und derselben Aufgabe führt allerdings nicht zu einem schnelleren Lernerfolg. Vielmehr entstehen beim Pferd Überforderungsgefühle, Verspannungen und Langeweile. Studien haben gezeigt, dass Pferde, die nur eine Übungseinheit in der Woche absolvierten, ein Lernziel in viel weniger Durchgängen erreichen als Pferde, die täglich trainieren müssen. Wiederholungen sind sinnvoll und entscheidend für einen Lernerfolg. Allerdings sollten wir immer die Motivation unseres Pferdes berücksichtigen und – trotz einer längeren Gesamtlerndauer – alle Übungen zweckmäßig auf mehrere Wochen verteilen, damit sich ein ständiges Üben nicht kontraproduktiv auswirkt. Ein dauerhafter Lernerfolg stellt sich nur ein, wenn wir einmal Erlerntes in regelmäßigen Abständen abfragen. Damit es interessant bleibt, sind Abwechslung und Kreativität willkommen.

Operantes Lernen ergibt sich häufig aus spielerischer Beschäftigung mit Gegenständen. Durch Versuch und Irrtum erfahren Pferde, dass sie beispielsweise imstande sind, Stalltüren, Weidetore oder Futterkisten zu öffnen. Einige Pferde erlernen auch „zufällig" das Lösen des Anbindestricks mit dem Maul. Viele „Untugenden" lassen sich auf die operante Konditionierung zurückführen. Durch das Schlagen an die Boxenwand mit Hinter- oder Vorderbeinen oder durch die Manipulation von Eimern, Lecksteinen oder Gitterstäben erzeugen sie wiederholt Geräusche. Auf diese erfolgt nicht selten eine Reaktion vonseiten des Menschen, wobei die Geräusche alleine schon in einer reizarmen Umgebung als Verstärker dienen können. Selbst das Schimpfen des Menschen wird von gelangweilten Pferden mitunter als Belohnung gewertet. Wir sollten also für Beschäftigung und Motivation sorgen und unser Pferd nicht durch „Aufmerksamkeit" an der falschen Stelle für sein Verhalten belohnen. Besonders bei Lernvorgängen gilt:

> *„Es ist die wichtigste Kunst des Lehrers,*
> *die Freude am Schaffen und am Erkennen zu erwecken."*
> *(Albert Einstein)*

Wenn Pferde also durch Versuch und Irrtum ein Verhalten erlernen, so kann dies nur geschehen, weil das Verhalten bereits in ihrem Repertoire vorliegt. Unbekanntes Verhalten kann nicht operant konditioniert werden. Wir müssen unser Pferd also in der Ausbildung dazu bringen, dass es das Verhalten, welches konditioniert werden soll, auch zeigt. Die förderlichste Methode ist hierbei die stufenweise Annäherung an das gewünschte Verhalten (*Shaping*). Zu Beginn werden hierbei alle Elemente des Zielverhaltens belohnt. Bis das erwünschte Verhalten erreicht ist, werden im weiteren Verlauf alle Verhaltensweisen belohnt, die dem Zielverhalten ansteigend ähnlich sind. Während das lernende Pferd anfangs schon beim Aufzeigen erster Ansätze einer bestimmten Lektion belohnt wird, wird später zunehmend auf die korrekte Ausführung der Aufgabe geachtet. So sollten wir Pferde, selbst wenn sie zunächst schief und buckelnd auf die Hilfe des Angaloppierens reagieren, erst einmal loben. Nach und nach sollte verstärkt auf korrektes Anspringen geachtet werden. Buckeln wird dann nicht mehr belohnt.

Bei allen an das Pferd gestellten Anforderungen sollte das individuelle Tempo berücksichtigt werden, sodass es weder zu Über- noch zu Unterforderung kommt. *Überforderung* erkennen wir u. a. an nachlassender Konzentration/Motivation, Verspannungen oder Rückschritten in der gemeinsamen Arbeit. Bei *Unterforderung* reagieren Pferde vermehrt mit Unaufmerksamkeit, Übersprungshandlungen oder Unlust.

Überdies ist es für Lernvorgänge unerlässlich, dass das Pferd die Chance bekommt, erwünschtes Verhalten selbst auszuführen. Es ist unsinnig, eine Bewegung mit physischer Gewalt erzwingen zu wollen. Die Hilfestellungen vonseiten des Menschen dienen dazu, dass das lernende Pferd die geforderten Verhaltensweisen zeigt. Wer seinem Pferd beispielsweise beibringen möchte, auf ein Kommando hin den Kopf zu senken (erleichtert z. B. das Auftrensen), dem ist geholfen, wenn er sein Pferd mit tief gehaltenem Futter dazu animiert, und nicht, indem er mit Körperkraft den Kopf runterdrückt.

Wie schnell bzw. sogar verborgen Pferde tatsächlich lernen (besonders im Zusammenhang mit der Futterausgabe) zeigt folgendes Phänomen: Viele Pferde haben vom Menschen unbemerkt eine Beziehung zwischen einem Reiz und einer Reaktion assoziiert, obgleich faktisch gar keine besteht. So manches Pferd zeigt unmittelbar vor der Futtergabe kontinuierlich bestimmte Kopf-, Zungen- oder Beinbewegungen. Diese haben sich mutmaßlich aus Verhaltensweisen herausgebildet, die das betreffende Pferd mehrmals zufällig direkt vor der Fütterung ausgeführt hat. Da es ungewollt mit Futter „belohnt" wurde, hat eine Konditionierung stattgefunden (*abergläubisches Verhalten*).

Jedes erlernte Verhalten durch operante Konditionierung kann auch wieder abgeschwächt werden. In diesem Fall verringert sich die Verhaltenshäufigkeit zunehmend und der Organismus kehrt zurück zu seiner zufälligen Verhaltenshäufigkeit. Operant konditioniertes Verhalten wird zwar nicht völlig aus dem Repertoire gelöscht, aber es reduziert sich auf ein Minimum. Eine *Abschwächung* erfolgt dann, wenn eine Belohnung ausbleibt. Wird ein bestimmtes Verhalten nach erfolgter Abschwächung hingegen wieder belohnt, so zeigen Pferde sehr zeitnah die vergangene hohe Verhaltensrate (*Wiedererlernen*). Wir müssen uns also immer darüber im Klaren sein, dass der Pferdeorganismus nicht vergessen hat, sondern alles Erlernte reaktiviert werden kann. So auch bei dem Phänomen der sog. *Spontanerholung*. Obwohl nach einer erfolgten Abschwächung eine längere Pause eingelegt wurde, können Pferde das abgeschwächte Verhalten erneut zeigen. In den meisten Fällen tritt die Reaktion jedoch auf geringerem Niveau, also mit verminderter Häufigkeit und Wirkungsstärke auf.

Bei der Korrektur unerwünschter Verhaltensauffälligkeiten lassen sich solche Spontanerholungen häufig beobachten. Ein während des Putzens ständig mit den Vorderbeinen scharrendes Pferd kann durch stetiges Ignorieren dieses Verhalten an einem Tag erfolgreich abstellen und am nächsten Tag sogar vermehrt wieder aufzeigen. Diese Anfangsintensität nimmt aber im Laufe der Abschwächung ab.

Wir müssen uns im Umgang mit unserem lernenden Partner Pferd immer wieder bewusst machen, dass bereits eine einmalige Belohnung eines bestimmten Verhaltens dazu führen kann, dass der Prozess der Abschwächung wieder von Neuem beginnen muss. Je nach Problem kann ein einmaliges Fehlverhalten des Menschen vorangegangene wochenlange oder sogar über Monate andauernde Korrekturarbeit mit dem Pferd zunichtemachen; eine frustrierende Erkenntnis für jeden engagierten Trainer, der sich immer wieder klarmachen muss, dass er vor allem mit Menschen arbeitet, wenn er eine Verbesserung der Lebensqualität für Pferde erzielen möchte.

Pferde sind Gewohnheitstiere, wobei sie ihr Ritualverhalten nur ungern abschwächen. Generell sind Pferde bedauerlicherweise sehr schnell „verdorben" und nur mühevoll und mit viel Einfühlungsvermögen und Konsequenz zu korrigieren.

 **Auf einen Blick**

▷ Ohne Kommunikation können keine Lernvorgänge stattfinden.

▷ Prägungslernen vollzieht sich in der sensiblen bzw. kritischen Phase.

▷ Mit dem Begriff Sozialisierung ist die sukzessive Eingliederung eines Jungtieres in eine soziale Gruppe gemeint.

▷ Für die weitere Entwicklung von Fohlen ist ein sanfter und respektvoller Umgang wichtig.

▷ Die notwendige körperliche und seelische Reife muss für Lernaufgaben erreicht sein.

▷ Die Konzentration der Stresshormone sollte sich bei Lernvorgängen in einem durchschnittlichen Mittelmaß befinden.

▷ Nachahmung und Beobachtung anderer Artgenossen findet ein ganzes Pferdeleben lang statt.

▷ Lob führt im richtigen Moment zum Lernerfolg.

▷ Besteht eine enge Bindung zwischen Mensch und Pferd, so verstärkt dies den Lernprozess.

▷ Das individuelle Lerntempo muss berücksichtigt werden.

Steppin Jacson, Paint Horse-Hengst (2) & Nina Schneider
©Andrea Strunk & www.living-moment.de

7

Erziehung und Training

„Einen guten Horseman erkennt man nicht an den Hilfsmitteln,
die er benutzt, sondern an den Hilfsmitteln, die er nicht benutzt."
(Pat Parelli)

Ein „gut erzogenes" Pferd glänzt durch Unauffälligkeit. Es ist in der Lage stillzustehen, hält den geforderten Abstand zum Menschen und wartet geduldig auf die nächste Aktion. Zudem fällt es durch viel Zurückhaltung und Gelassenheit auf und zeichnet sich aus durch ein ruhiges und freundliches Grundwesen. Es ist mit Freude bei der Arbeit und zeigt sich stets motiviert und voller ausdauerndem Lerneifer.

Für so manchen gestressten Pferdebesitzer, der sich täglich mit neuen „Untugenden" seines Pferdes konfrontiert sieht, klingt diese Beschreibung wie blanke Ironie. Er hat den Glauben an eine innige Zweierbeziehung und einem ihm willig folgenden Partner Pferd lange aufgegeben. Wie ist also ein solcher harmonischer Zustand erreichbar?

Der einträchtige Umgang mit dem Pferd impliziert nicht nur, dass wir unmissverständliche Regeln für das Miteinander aufstellen, sondern auch, dass wir uns konsequent an deren Umsetzung halten. Unsere Signalgebung muss hierfür zu jeder Zeit widerspruchsfrei bleiben. Regeländerungen sollten sorgfältig bedacht werden, in der Folge konsistent umgesetzt werden und überdies sinnig sein.

Zu Beginn eines erfolgreichen Erziehungsprozesses steht vor allem ein Mensch, der folgende Grundfragen reflektiert, konkrete Vorstellungen entwickelt und sich reale Ziele setzt:

► Wie genau sieht das erwünschte Verhalten meines Pferdes in bestimmten Situationen aus? Erwiesenermaßen ist es wenig sinnvoll, sich ausschließlich mit dem Fehlverhalten des Pferdes auseinanderzusetzen. Negative Gedanken und Grundüberzeugungen bringen niemanden weiter. Die entscheidenden Erfolgsfragen müssen lauten: *Wo will ich mit meinem Pferd hin? Wie sieht der Weg nach vorne aus? Was kann ich dafür tun?* Eine positive und zukunftsorientierte Einstellung ist das Fundament für Veränderung.

► Habe ich mir bislang alle notwendigen Kenntnisse und Kompetenzen angeeignet, um meinem Pferd das erwünschte Verhalten beizubringen? Oder brauche ich hierfür noch Hilfe?

► Setze ich meinen „Führungsanspruch" konsequent, freundlich und verantwortungsbewusst um?

► Habe ich unterdrückte Unsicherheiten, Ängste, Geltungsbedürfnisse, Herrschsüchte oder unbewusste Aggressionen? Wenn ja, was kann ich dagegen tun? Wer kann mir helfen, diese zu ergründen und abzubauen?

Jeder Umgang mit dem Pferd hat immer einen ausbildenden und erzieherischen Charakter. Alles, was wir tun oder unterlassen, hat zwangsläufig eine Wirkung auf der Beziehungsebene. Diese Bindung zwischen Mensch und Pferd kann zu jeder Zeit dynamischen Veränderungen unterworfen sein. Wir sollten uns also stets der Einwirkungskraft unseres Handelns – und mag es uns noch so geringfügig erscheinen – bewusst sein.

Erziehungsgrundlagen und Trainingsvoraussetzungen

Erzieherisch tätig zu werden bedeutet einen „Schüler" zu formen und gleichzeitig dessen Entwicklung zu fördern. Hierzu zählt vornehmlich das beabsichtigte Herbeiführen von Lernprozessen, um dauerhafte Verhaltensänderungen im Sinne bestimmter im Vorfeld festgelegter Erziehungsziele zu erreichen. Förderndes Einwirken dient dem Aufbau der Persönlichkeit und der Ausbildung eines Individuums. Hurrelmann (2006) erweitert die vorangegangene Begriffsdefinition um folgende entscheidende Komponente: Die angestrebten Erziehungsziele sind von den *Erziehenden subjektiv beeinflusst*.

Übertragen auf den Umgang mit dem Pferd muss das für jeden, der ausbilden möchte, heißen, dass neben dem eigenen Erziehungsanspruch auch die Bedürfnisse des Pferdes Berücksichtigung finden müssen. Auch Pferde wollen mit Respekt, Achtung, Fürsorge, Freundlichkeit und Fairness behandelt werden. Für das gelingende Training mit unserem Pferd sollten wir also dessen Individualität und Charaktereigenschaften erfassen und berücksichtigen.

Während einige Artvertreter ein naturgegebenes ruhiges und kooperatives Wesen aufweisen, neigen andere Vierbeiner zu einer sehr niedrigen Angstschwelle und erschweren dadurch den gemeinsamen Lernprozess (siehe: Ängste beim Pferd erkennen und Strategien entwickeln). Angeborene Charaktergrundzüge sind nicht veränderbar. Daher müssen sie zwingend in der Ausbildung beachtet werden und Methode sowie Trainingsweg vorgeben. Beispielsweise wird ein ängstliches Pferd unter Druck in einer Stresssituation immer heftiger reagieren als ein nervenstarkes Exemplar. Hierbei sind besonders die frühkindlichen Erfahrungen neben der genetischen Temperamentsveranlagung von Bedeutung. Je intensiver ein Pferd von dem Menschen und von seinen Artgenossen lernt, umso selbstsicherer wird es. Wird ein Pferd hingegen aus Sicherheitsgründen isoliert in einer Box gehalten und aus Angst vor Verletzungen nicht auf die Weide gelassen, so wird es sich wegen Vereinsamung und Reizarmut vermehrt zu einem ängstlichen, aggressiven, lernunwilligen und unsicheren Pferd entwickeln. Alle Erziehungs- und Trainingsprozesse werden durch ein solches Vorgehen erheblich erschwert.

Es ist für ein harmonisches Miteinander also ganz entscheidend, dass wir sowohl unser Pferd mit seinen Neigungen und Charaktereigenschaften als auch uns selbst kritisch hinterfragen. Sind wir offen für das Wesen unseres Pferdes und zudem reflexionsfähig bezüglich der Struktur unserer eigenen Persönlichkeit, können wir mögliche Unterschiede oder Disharmonien überwinden.

Wir können viel über uns und unser Pferd lernen. Der eine Mensch muss vielleicht mehr Feingefühl und Empathie herausbilden, und bei einem anderen ist es angebracht, mehr Durchsetzungsvermögen und Willensstärke zu entwickeln.

Wo unterschiedliche Charaktere von Mensch und Pferd aufeinandertreffen, steigt immer die Wahrscheinlichkeit von Konflikten und Problemen. Bestimmte menschliche Charakterzüge harmonisieren nicht mit spezifischen Eigenschaften von einigen Pferden – und andersherum.

Die Grundcharaktere von Pferden lassen sich in vier unterschiedliche Typen zusammenfassen, wobei die meisten Pferde tendenziell Mischformen sind:

1) **Kooperation**: Dieser Typ ist fähig, schnell Neues zu akzeptieren und zeigt keine auffälligen Überreaktionen. Er ist nervenstark, neugierig, lernfähig und hat ein offenes und freundliches Wesen.

2) **Ängstlichkeit**: Jede Veränderung der unmittelbaren Umwelt löst schnell Angst- und Unruhezustände aus. Dieser Typ Pferd ist generell unruhig, panisch und unsicher und hat daher ein auffälliges Bedürfnis nach Bewegung.

3) **Dominanz**: Dieser Typus zeichnet sich durch Selbstsicherheit und Führungsqualität aus, neigt aber auch zur Ignoranz gegenüber dem Menschen. Er verfügt über einen ausgeprägten Gegendruck-Reflex und „diskutiert" ausführlich, wenn es ihm angebracht erscheint. Bei konsequentem Training hat er das Potenzial, ein absolutes Verlasspferd zu werden.

4) **Introvertiertheit und Submission**: Den Kontakt zum Menschen versucht dieser Typus zu umgehen und arbeitet nur ungern mit. Er ist wenig lernwillig, schwer motivierbar, ausweichend und zeigt sich insgesamt abgegrenzt und unabhängig.

Auch Menschen unterscheiden sich gravierend in ihrer Individualität. Anhand von Untersuchungen konnten drei lebenslang stabile Persönlichkeitstypen ausgemacht werden, die sich entweder durch *Widerstandsfähigkeit*, *Verletzbarkeit* oder *Unkontrolliertheit* auszeichnen.

Darüber hinaus lassen sich generell fünf Hauptdimensionen des menschlichen Charakters voneinander abgrenzen:

1) **Introvertiertheit vs. Begeisterungsfähigkeit (Intro- und Extraversion)**: Menschen mit hohen Werten dieser Dimension sind redselig, mitteilsam und kontaktfreudig, herzlich und optimistisch (vergleichbar mit Pferdetyp 1: Kooperation). Dagegen neigen Menschen mit niedrigen Werten zur Zurückhaltung und sind gerne alleine und unabhängig. In sozialer Interaktion sind sie sehr verschwiegen und reserviert (vergleichbar mit Pferdetyp 4: Introvertiertheit und Submission).

2) **Ängstlichkeit (Neurotizismus)**: Diese Personen erleben häufig Angst, Anspannung, Unsicherheit und Traurigkeit. Sie haben vielfach Sorgen um ihre Gesundheit und tendieren zu lebensfremden Ideen. In Stresssituationen neigen sie zu übertriebenen und unangemessenen Reaktionen. Zudem haben sie ein geringes Selbstwertgefühl und fühlen sich leicht hilflos, verloren und wertlos (vergleichbar mit Pferdetyp 2: Ängstlichkeit).

3) **Offenheit**: Personen mit hohen Werten sind grundsätzlich Neuem gegenüber sehr positiv aufgeschlossen. Sie haben vielseitige Interessen und sind sehr fantasievoll. Sie bevorzugen die Abwechslung, sind wissbegierig, einfallsreich und unkonventionell in ihrem Handeln (vergleichbar mit Pferdetyp 1: Kooperation).

4) **Verträglichkeit**: Menschen, die hohe Werte aufweisen begegnen anderen Lebewesen mit viel Mitgefühl, Empathie und Wohlwollen. Sie haben ein angenehmes Wesen und sind immer gewillt, anderen zu helfen. Sie entwickeln enge Bindungen und sind sehr kooperativ. Sich selbst mit ihren Bedürfnissen stellen sie zu sehr in den Hintergrund (vergleichbar mit Pferdetyp 1: Kooperation).

5) **Gewissenhaftigkeit**: Personen mit entsprechenden Charaktereigenschaften sind insgesamt äußerst gut organisiert, sorgfältig, vorausschauend und zuverlässig. Ihr Handeln planen sie verantwortungsbewusst und überlegt. Sie sind sehr konzentrationsfähig und ausdauernd bei Aktivitäten (vergleichbar mit Pferdetyp 3: Dominanz).

Einige Mensch-Pferd-Konstellationen haben aus Gründen der (Un-)Gleichheit oder des Widerspruchs ungünstige Voraussetzungen. Ein sehr angsterfülltes Pferd wird sich in Gegenwart seines ebenfalls ängstlichen und übervorsichtigen Besitzers schnell unsicher fühlen. Andersherum wird ein dominantes Pferd seinem inkonsequenten Besitzer die Führungsposition zeitnah streitig machen. Sind Pferd und Mensch beide gleichermaßen vom Wesen her aufgeregt und hypersensibel, bringen sie gemeinschaftlich die Nerven aller Beteiligten bis an die Grenzen des Erträglichen.

Hingegen ist die Verbindung zwischen einem ruhigen und nervenstarken Pferd und einem ebenso gelassenen Menschen deutlich geeigneter und stressfreier. Sowohl der Trainingserfolg als auch die Beziehungsarbeit sind in einem hohen Maße beeinflusst von der Persönlichkeitskonstellation Pferd – Mensch.

Erziehung besteht also aus zwei gleichwertigen Grundkomponenten:

▶ **Ausbildung**: Wir bringen unserem Pferd kompetent erwünschtes Verhalten bei. Es lernt, was es tun und was es unerlassen soll.

▶ **Beziehung**: Wir etablieren eine Rangfolge und ein Vertrauensverhältnis. Nur hierdurch können wir unser Pferd verlässlich und fachkundig anleiten.

Für alle Trainings- und Erziehungsambitionen gilt der Grundsatz:

„Mache das Gewünschte einfach
und das Unerwünschte unbequem.“
(Ray Hunt)

Zeigt unser Pferd unerwünschtes Verhalten, machen wir ihm prinzipiell das Leben etwas unangenehmer. Dies zwar in aller Konsequenz, allerdings immer aggressionsfrei und gelassen. Andersherum erlebt unser Pferd, verhält es sich regelkonform, dass sein Leben in der Folge leichter und angenehmer wird. Vier Grundvoraussetzungen müssen für diese Vorgehensweise gegeben sein:

1) Klare *unmissverständliche Vorstellungen* von dem, was wir wollen und was nicht.

2) Die Kompetenz, auch *kleinste Erfolge* zu erkennen und weiter zu fördern.

3) *Korrektes Timing*, damit das Pferd seine eigene Handlung mit der jeweiligen Konsequenz in Verbindung bringt.

4) *Methodisches Hintergrundwissen*, das es zulässt, in der praktischen Umsetzung aus einer Vielzahl von Möglichkeiten schöpfen zu können.

Im vorangegangenen Kapitel sind der Begriff Verstärker und dessen vielseitiger Einsatz vorgestellt worden. *Zur Erinnerung*: Ein Verstärker ist ein Reiz, der als Folge eines Verhaltens auftritt und die Wahrscheinlichkeit, dass dieses Verhalten erneut bzw. wiederholt auftritt, erhöht. Es wird unterschieden zwischen positiver und negativer Verstärkung. Grundsätzlich ist Lob – wie bereits festgestellt – immer effektiver als jede Ermahnung oder Strafe.

Darüber hinaus gibt es Erziehungsmethoden oder Unzulänglichkeiten in deren Anwendung, die es dringend zu vermeiden gilt. Hierzu zählt beispielsweise der fehlerhafte, verspätete oder provisorische Einsatz von Verstärkern. Falsches Timing verhindert, dass das Pferd eine Verknüpfung zwischen Handlung und Folge vornimmt. Vor allem grundloses Strafen funktioniert nicht und ist zudem unfair. Das Vertrauensverhältnis leidet erheblich. Menschen mit ausgeprägten Profilneurosen, die Erziehungsmethoden zur Selbstdarstellung durchführen, scheitern zwangsläufig. In der Folge entsteht – je nach Charakter – ein abgestumpftes und gleichgültiges oder ein verwirrtes und gebrochenes Pferd. Für den praktischen Einsatz von Verstärkern gilt es einiges zu beachten. Fehlt eine konkrete Vorstellung des Menschen, wie das Training ablaufen soll und wie genau das erwünschte Verhalten aussieht, kann kein gewinnbringendes Lernen stattfinden. Zudem müssen Korrekturen in beide Richtungen unbeirrt vorgenommen werden. Mangelnde Konsequenz führt zu Störungen und hemmt bzw. verhindert Lernvorgänge und das Erreichen von Trainingszielen. Sind mehrere Personen (gleichzeitig oder unabhängig voneinander) mit einem Pferd beschäftigt, so müssen *alle* unbedingt in ihrer Umgangsweise übereinstimmen.

Positiv verstärkend wirken:
► Ruhepausen,
► Entlassen in die Dehnungshaltung,
► Futterbelohnungen,
► Einstellen einer mühsamen Übung,
► Lob in einer ehrlichen und glaubwürdigen Stimmlage,
► Zuwendung bzw. Aufmerksamkeit,
► Berührungen (z. B. Kraulen oder Streicheln).

Negativ verstärkend wirken:
► Entzug von Aufmerksamkeit,
► Tadel, der in angemessener Stimmlage vorgetragen wird,
► Maßnahmen, die geeignet sind, kurzfristig Stress auszulösen,
► Erhöhung von Tempo, Intensität oder Schwierigkeitsgrad einer (Reit-) Übung,
► Unterordnung- oder Dominanzübungen (z. B. Rückwärtsrichten oder Weichen).

Im alltäglichen erzieherischen Umgang und Training werden zu leicht die Emotionen beim Pferd unterschätzt. Auch der eigene menschliche Gefühlszustand wird unterdrückt und nicht selten abgelehnt. Besonders die Emotion *Angst* hat ein riesiges Potenzial, entweder die Bindung von Pferd und Mensch zu stärken oder alles Lernen und jeden Vertrauensaufbau zu sabotieren. Hierzu ist es wichtig, dass wir uns mit unseren eigenen unangenehmen Affekten und Gemütszuständen und denen unseres Pferdes auseinandersetzen. Mit einer reflektierenden Arbeit an uns selbst und dem Wissen um die Notwendigkeit von Angst bei Pferd und Mensch, können sich neue und heilsame Wege öffnen, einen harmonischen Umgang zu erlernen.

Ängste beim Pferd erkennen und Strategien entwickeln

Alles Verhalten des Pferdes hat immer das Ziel, den eigenen Zustand zu verbessern und die biologische Fitness zu erhöhen. Die Emotion Angst ermöglicht dem Pferd, Verhaltensmuster zu starten, die einen Ressourcengewinn zur Folge haben sollen. Emotionen erzeugen die Motivation, Entscheidungen zu treffen. Durch ein Gefühl der Bedrohung wird also Aktivität ausgelöst.

Das Verhältnis zwischen Angstzustand und Wohlbefinden muss ein ausgeglichenes sein, ansonsten drohen chronische Stresszustände, die mit Krankheit oder dem Tod enden können (bei Pferd und Mensch). Die Evolution hat hierfür Mechanismen entwickelt. Die Gewährleistung der Ausgewogenheit zwischen Anspannung und Entspannung findet ihren Ursprung in der Prägungs- und Sozialisierungsphase des Jungtieres (siehe Kapitel 6).

Viele Angstauslöser sind vorprogrammiert und genetisch fixiert. Sie sind also von Geburt an vorhanden. Pferde haben besonders viel Furcht vor allem Neuen, das ihnen begegnet. Als Flucht- und Beutetiere ängstigen sie sich vor engen Räumlichkeiten und körperlichem Fixieren. Dennoch werden unsere domestizierten Pferde in Boxen gehalten, angebunden und verladen. In einem eingeschränkten Rahmen sind instinktmäßige Angstauslöser also durch Lernvorgänge bedingt veränderbar.

Angst empfinden zu können ist eine sinnvolle und überlebenswichtige Fähigkeit. Bedrohliche Situationen zu meiden und sich vor potenzieller Gefährdung zu schützen, indem Unbekanntem mit Vorsicht begegnet wird, ist ein tief verwurzelter Instinkt. Andauernde Angstzustände machen aber Pferde und Menschen krank. Aus diesem Grund hat es die Natur so eingerichtet, dass sich die meisten Lebewesen an mögliche gefährliche Situationen und Gegenstände gewöhnen können, um stressfreier mit ihnen zu leben.

Jedes Angstproblem hat eine Berechtigung, ernst genommen zu werden. *Aber was ist zu tun, wenn das Pferd übermäßiges Panikverhalten zeigt?* Es ist eine ganz natürliche Reaktion, dass der Mensch vor einem scheuenden Pferd auch zurückschreckt. Das sich die Angst- oder Stressreaktion auf uns überträgt, ist nicht ungewöhnlich – leider aber äußerst ungünstig. Immerhin wollen wir unser Pferd beruhigen und nicht in seiner Symptomatik bestärken. Wir sollten versuchen, in allen Situationen so ruhig wie möglich zu bleiben und unser Pferd genau beobachten, um herauszufinden, wann es sich aus welchen Gründen vermehrt ängstigt. Im Hinblick auf die eigene körperliche Unversehrtheit und auch, um unerwünschtes Lernen zu vermeiden, kann potenziell kritischen Situationen zunächst ausgewichen werden. Längerfristiges Vermeidungsverhalten verändert allerdings gar nichts. Liegt eine Panikstörung vor (beim Pferd oder beim Menschen) kann nur die Konfrontation mit dem „Schreckensobjekt" Abhilfe schaffen (vorausgesetzt dasselbe bedroht nicht Leib und Leben). Hierbei ist es ganz entscheidend, dass wir empathisch und motivierend vorgehen. Zwanghaftes „Hineinzerren" in mit Furcht besetzte Situationen hat eine Angst verstärkende Wirkung. Ziel einer

Konfrontationstherapie sollte immer die Erkenntnis sein, dass gar nichts Schlimmes passiert.

Wenn die Angst zum Problem wird und sich festgesetzt hat, dann ist dies in den meisten Fällen ein Hinweis auf schlechte Erfahrungen, die das Pferd gemacht hat. Viele Pferdebesitzer stehen aber vor einem Rätsel, da sie selbst überhaupt nichts Negatives wahrgenommen haben. Die Angst des Pferdes vor bestimmten Umweltsignalen scheint aus dem Nichts aufgetaucht zu sein. Tatsächlich haben an der Realität gemessene „übertriebene" Stressreaktionen ihren Ursprung in vergangenen, für das Pferd bedrohlichen Zuständen, die an einem Objekt, einer Situation oder einem bestimmten Menschen festgemacht wurden und werden. Hierbei ist es absolut unerheblich, ob wir dieselbe Situation ebenfalls als beunruhigend wahrgenommen haben (in den meisten Fällen ist dem nicht so). Vielmehr sind das Erleben des Pferdes und die damit in Verbindung stehenden Lernvorgänge für die Entwicklung einer Panikstörung entscheidend.

Leider sind die meisten menschlichen Reaktionen auf ein Angstverhalten des Pferdes ungewollt kontraproduktiv und bestätigen das panische Pferd in dessen Interpretation der spezifischen Sachlage als „gefährlich".

Reaktionen des Menschen auf das Angstverhalten des Pferdes

Negative Reaktion	*Positive Reaktion*
▶ Erschrecken	▶ Ruhe
▶ Zusammenzucken	▶ Gelassenheit
▶ Angstübertragung	▶ Sicherheit vermitteln
▶ Ziehen am Zügel/Strick	▶ Vorsichtiger Umgang
▶ Einschränkung der Kopffaktion	▶ Langsames Verringern

- ▶ Einschränkung des Bewe-
  gungsradius
- ▶ Beschimpfen
- ▶ Bestrafen
- ▶ Körperliche Züchtigung
- ▶ Zwang
- ▶ Wiederholung der Stresssi-
  tuation
- ▶ Dominanzbekundung

- ▶ Bedächtiges Begrenzen
- ▶ Motivieren
- ▶ Besänftigen
- ▶ Abstand gewinnen
- ▶ Lob
- ▶ sukzessives Heranführen an
  die Angstsituation
- ▶ Partnerschaft

Einmaliges Zurückscheuen in einer Situation ist noch kein Angst-problem, sondern ggf. auf das naturgegebene Instinktprogramm zurückzuführen. Reagiert der Mensch auf die Furcht des Pferdes allerdings fehlerhaft, schroff, abwehrend oder gar aggressiv, ver-stärkt sich die Panik. Das Pferd fühlt sich in seiner Annahme, in einer Bedrohungslage zu sein, bestätigt und wird zukünftig in ver-gleichbaren Lebenslagen oder bei der Konfrontation mit dem spezifi-schen Objekt entsprechend panisch reagieren.

Andersherum bemerken Pferde sehr schnell, dass sie sich einen be-stimmten Gegenstand oder ein Problem durch Scheuen „vom Leib halten" können. Reagiert der Mensch überaus verständnisvoll für die Angst des Pferdes (vielleicht, weil er sich für seine eigenen Ängste unbewusst mehr Verständnis wünscht) und bringt es sofort auf Dis-tanz zum „gefährlichen" Objekt, stellt dieses Verhalten eine Beloh-nung dar. Auch in diesem Fall lernt das Pferd, dass die Angstreakti-on sinnvoll ist, da es unmittelbar aus der Situation entlassen wurde.

Ähnlich wie beim Menschen existieren auch bei Pferden gravierende Unterschiede hinsichtlich ihrer grundlegenden Furchtsamkeit. Die Angstbereitschaft eines Pferdes ist immer das Ergebnis aus genetisch fixierter Veranlagung und Umwelt- bzw. Lernerfahrungen. Inwieweit eine genetische Disposition zu einer möglichen Angstproblematik vorliegt, kann anhand der Verhaltensbeobachtung von Vollgeschwistern oder den Elterntieren abgeschätzt werden. Aber auch dies kann nur ungefähre Hinweise geben, da die Erfahrungen, die das jeweilige Tier mit seiner Umwelt gemacht hat, nicht beurteilt werden können. Treten allerdings in einer bestimmten Zuchtlinie vermehrt Angststörungen auf, so kann von einem hohen genetischen Einfluss ausgegangen werden.

Außerdem sind mangelhafte Erfahrungen mit der Umwelt erheblich an der Entstehung einer Angstproblematik beteiligt. In der Kindheits- und Jugendphase müssen junge Pferde lernen, sich mit vielfältigen Umwelteinflüssen auseinanderzusetzen. Fehlt das Erleben, dass sie den an sie gestellten Anforderungen gewachsen sind und diese meistern können, ist eine spätere Panikproblematik sehr wahrscheinlich. Pferde, die auf ein Training des Gehirns hinsichtlich der erfolgreichen Bewältigung unterschiedlicher Situationen verzichten mussten, zeigen sich später unflexibel und stressanfällig. Im besten Fall werden Pferde bereits frühzeitig mit akustischen und optischen Reizen konfrontiert, die geeignet sind, kurzfristig Stress auszulösen. Erlernen sie den erfolgreichen Umgang damit, kann eine angeborene stärkere Ängstlichkeit ausgeglichen werden. Auch der Kontakt zu Artgenossen, Menschen und Hunden oder Katzen hilft dem Pferd, sich mit seiner Umwelt konstruktiv auseinanderzusetzen und positive Lernerfahrungen zu sammeln. Ängsten wird hierdurch vorgebeugt.

Quarter Horse-Jährlinge & Sandy, Australian Shepherd
©Susanne Alfs

Weiter begünstigt wird die Entstehung eines Angstproblems, wenn das furchtsame Pferd in einer mit Angst behafteten Situation schlechte und erfolglose Erfahrungen macht. Je höher das Pferd den Bedrohlichkeitsgrad einer Situation beim Erstkontakt einschätzt, umso wahrscheinlicher sind Lernschritte in Richtung eines Panikproblems. Mitunter kann eine einzige negative Erfahrung ausreichen, um die Angstspirale zu starten.

Es ist also ausschlaggebend, dass wir unser Pferd bei einer auftretenden Stressreaktion nicht durch die heikle Situation hindurch zwingen. Abgesehen vom Verletzungspotenzial für Pferd und Mensch kann durch Druck und Zwang eine Angststörung ungewollt verstärkt werden und unser Pferd für panische Reaktionen sensibilisiert werden.

Besser ist es, kritische Situationen vorerst zu beenden und zu reflektieren, worauf genau das Pferd mit Furcht geantwortet hat. Durch diese Vorgehensweise kann späteren Problemen vorgebeugt werden.

Primär muss es also im Umgang mit Ängsten beim Pferd um die *Identifikation* der Panik auslösenden Signale gehen. Die Abnahme von Angst in Verbindung mit einem aufbauenden Vertrauensverhältnis kann nur geschehen, wenn wir den Angstauslöser erkannt haben. In der Folge sollte dann ein *Gewöhnungstraining* (Habituation, Sensitivierung oder operante Konditionierung) stattfinden.

Besonders wenn ein Angstproblem schon länger besteht, ist die Entstehungssituation häufig nicht mehr nachvollziehbar. Zudem haben viele Pferdebesitzer ihren Vierbeiner bereits mit bestehender Angststörung erworben. Vor allem in einem solchen Fall gilt es so viel Forschungsarbeit in die Identifikation der Angstsignale zu setzen wie möglich. Es ist wichtig, dass wir unser Pferd genau beobachten. Tatsächlich werden die wirklichen Angstauslöser häufig übersehen. Angst baut sich meist sukzessiv auf. Das bedeutet, dass der negative Erregungszustand unseres Pferdes viel früher beginnt, als wir ihn faktisch wahrnehmen.

Sowohl bei (scheinbar) plötzlich auftretender Panik als auch bei schleichenden Angstprozessen oder chronischen Verläufen muss das Pferd einem Check beim Tierarzt unterzogen werden. Angst kann auch ein Hinweis auf unerkannte Schmerzen oder den Verlust eines Sinnesorgans sein. Ein Pferd, das Sehkraft eingebüßt hat und seine Umgebung anders und ungenauer als gewohnt wahrnimmt, fühlt sich unsicher. Als Fluchttier wird es lieber einmal zu viel zur Seite springen als sich selbst zu gefährden.

Wenn wir den Angsterreger erkannt haben, dann sollte ein langsamer Gewöhnungsprozess beginnen. Zu Beginn steht hierbei die kurzfristige *Problemvermeidung*, um die Angst nicht unkontrolliert zu vergrößern. Für alle korrekt ausgeführten Habituationsvorgänge benötigen wir viel Zeit und Muße. Das kann unter Umständen bedeuten, dass der Mensch temporär auf für ihn angenehme Aktivitäten mit seinem Pferd verzichten muss (z. B. eine Turniersaison aussetzen, keine langen Ausritte in unbekannter Umgebung usw.). Dieses Entsagen verspricht aber langfristig eine Problemverbesserung.

Auf eine Reizüberflutung (*Flooding*) sollte also in jedem Fall verzichtet werden. Ein Pferd maßlos mit allem zu konfrontieren, was ihm Angst macht, damit es schnell wieder in jeglicher Hinsicht „einsetzbar" ist, funktioniert nie. Nicht wenige Pferde sind schon beim Schlachter gelandet, weil der Besitzer nach kurzfristigen Lösungen für sein „versagendes Sportgerät" gesucht hat und letztendlich scheiterte. Auch birgt Flooding ein erhebliches Verletzungsrisiko für alle Beteiligten. Zudem sind tierschutzrelevante Grenzen sehr schnell überschritten, wobei die Verantwortung für das Geschehene hinterher niemand mehr übernehmen möchte.

In extremen Stresssituationen kann das Pferdegehirn nicht lernen. Lernprozesse sind aber der Schlüssel zu positiven Veränderungen. Ziel ist ein lernendes Pferd, welches erfährt, dass die „gefährliche" Situation zu bewältigen ist – ja sogar Entspannung und Freude erzeugen kann.

Das Vorgehen der Wahl sollte bei Angstproblemen die *Habituation* oder die *operante Konditionierung* sein. Bei allem Training sollte zwingend darauf geachtet werden, dass auf einem leichten bis mäßigen Stresslevel gearbeitet wird, damit Lernen überhaupt stattfinden kann.

Trainingsablauf am Beispiel der Trennungsangst

Als Herdentiere reagieren viele Pferde mit sog. „Kleben", wenn sie von ihren Artgenossen getrennt werden. Betroffene Pferde erleben bei einer Isolierung (z. B. wenn sie in der Halle geritten werden) starken Stress, da der Kontakt zu den gewohnten Herdenmitgliedern oder Boxennachbarn abgebrochen ist. Häufig unerkannt handelt es sich bei dieser Problematik um Angst und nicht – wie vielfach angenommen – um Unwillen.

Klebende Pferde haben die große Sorge, dass sie von der Ressource Sozialpartner separiert werden. Ein langsames und etappenweise aufgebautes Trennungstraining kann Abhilfe schaffen. Lernen vollzieht sich vornehmlich in kleinen Schritten. Es ist die Aufgabe des Menschen, jede Anforderung an das Pferd in verständliche Phasen zu unterteilen. Tritt bei einer Einheit ein unvorhergesehenes Problem auf, so sollten wir einen Schritt zurückgehen. Das Pferd dokumentiert durch sein unerwünschtes Verhalten, dass es überfordert ist. Hierauf muss Rücksicht genommen werden.

Am Anfang steht die Identifikation des Problems:

▶ Von wem genau will das Pferd nicht getrennt werden?

▶ Unter welchen Umständen ist die Trennung besonders tragisch?

▶ Gibt es Situationen, in denen das Pferd die Trennung besser ertragen kann?

▶ Reagieren die verbleibenden Pferde auch mit Trennungsangst?

▶ Wenn ja, welche Tiere genau und auf welche Weise?

Sind die angeführten Fragen beantwortet, kann mit dem Gewöhnungstraining in folgender Reihenfolge begonnen werden:

1) **Trennungsprovokation**: Zu Beginn sollten viele sehr kurze Trennungen herbeigeführt werden. Der Pferdefreund muss anfänglich nicht zwangsläufig außer Sichtweite sein. Jeder entkrampfte Schritt, der eine Entfernung von dem geliebten Sozialpartner bedeutet, ist eine Handlung in die richtige Richtung. Existieren mehre Örtlichkeiten, an denen die Trennungsangst auftritt, sollte anfänglicher der Ort aufgesucht werden, an dem die Angst nur sehr gering in Erscheinung tritt. Auf diese Weise können besser Erfolge verbucht werden. Starker Stress sollte zwingend vermieden werden.

2) **Belohnung**: Jedes auch nur in Ansätzen vorhandene Entspannungsanzeichen wird unmittelbar belohnt. Dies kann geschehen durch ein stimmliches Lob (z. B. „BRAV") und/oder ein Leckerchen bzw. durch die Rückkehr zu den vermissten Artgenossen.

3) **Wiederholungen**: Die kurzen Trennungssituationen sollten fortwährend wiederholt werden, damit eine Gewöhnung einsetzt und die Erkenntnis beim Pferd wächst, dass nichts Schlimmes passiert. Abhängig vom Lerntempo und Entspannungszustand des jeweiligen Pferdes sollten die Trennungen schrittweise verlängert werden.

4) **Abwechslung**: Für eine langfristige Problemlösung ist entscheidend, dass *alle* klebenden Pferde abwechselnd von der Koppel oder der Boxengassen weggeführt werden, damit sich ein gemeinschaftlicher Lernerfolg einstellt. Alle beteiligten Pferde sollten die Chance erhalten zu erleben, dass unabhängig davon, ob sie selbst an Ort und Stelle verweilen oder von der Herde separiert werden, sie keinerlei Schaden nehmen. Am En-

de einer jeden Trennungsetappe steht immer wieder die Zusammenkunft aller Tiere.

5) **Ortswechsel**: Etappenweise sollte jedes Gelände, das Probleme bereitet, abgearbeitet werden. Stufenweise aufgebaut sollen die Pferde lernen, dass sie auch außerhalb des Sichtkontaktes zu dem Kumpel unversehrt bleiben, wobei neben Stressanzeichen auch Lautäußerungen (z. B. Wiehern) nicht mehr gezeigt werden sollte.

6) **Trennung unter dem Reiter**: Zunächst sollte das klebende Pferd von Koppel, Paddock oder Boxengasse weggeritten werden. Erst wenn dieses Vorhaben entspannt abläuft, kann in einem weiteren Schritt der Radius vergrößert werden, indem die Halle oder der Außenplatz aufgesucht wird. Zunächst sollte dies unter der Anwesenheit des Pferdefreundes ablaufen. Der Kumpel wird dann mehrmals kurzzeitig weggeführt und wiedergebracht. Daraufhin erfolgt ein Wechsel: Jetzt wird der klebende Vierbeiner wiederholt weggeritten und wieder hereingeritten, während das andere Pferd warten soll.

Ziel dieses Trainings ist ein entspanntes Pferd, das fähig ist, sich auf die geforderten Lektionen zu fokussieren und sich willig zu konzentrieren. Bei empathischem Trainingsablauf, der dem Pferd ermöglicht, sich langsam an die Trennung zu gewöhnen, wird das Kleben auf Dauer seinen Schrecken verlieren und kein Problem mehr darstellen. Auch wird es dem Beziehungsaufbau und dem Vertrauensverhältnis zwischen Mensch und Pferd wohl tun.

Trainingablauf am Beispiel des Aussackens

Pferde zeigen vor vielen unbekannten Objekten Angst. Fahnen, Plastiktüten, Planen und andere sich unkontrolliert bewegende Gegenstände können Stresszustände auslösen. Das gemeinschaftliche harmonische Miteinander kann hierdurch enorm gestört werden – vor allem, da Pferde dazu neigen, sich an einmal gemachte negative Erfahrungen lebenslang zu erinnern. Neuere Forschungen konnten aufzeigen, dass Pferde über enorme Gedächtnisleistungen verfügen, die sogar das Erinnerungsvermögen von Elefanten übertreffen.

Jede Trainingseinheit muss phasenweise aufgebaut sein und mit einer für das Pferd positiven Erfahrung beendet werden. Schritt für Schritt wird dem ängstlichen Pferd beigebracht, seine Furcht vor dem unbekannten Objekt zu überwinden. Entscheidend ist die behutsame Auseinandersetzung mit dem gefürchteten Gegenstand.

Vorwiegende Trainingsaufgabe des Menschen ist es, seinem Pferd das mit Angst besetzte Objekt bedächtig näher zu bringen und jeden Versuch es zu tolerieren zu belohnen.

Es ist wichtig, dem Pferd zu vermitteln, dass es sich die Gegenstände, die ihm gezeigt werden, getrost ansehen kann. Flucht ist keine zwingende Alternative mehr. In diesem Lernzusammenhang wird unser Pferd auch Vertrauen zu uns aufbauen, da wir uns als würdige und verlässliche Partner präsentieren.

Ein einmal erreichter Erfolg (z.B. unser Pferd akzeptiert, dass eine Plane in unmittelbarer Nähe zu ihm liegt) ist noch kein Garant für zukünftige Gelassenheit. Leider abstrahieren Pferde im Vergleich zum Menschen nicht. Vielmehr bedarf es eines dauerhaften, konsequenten und mitfühlenden Trainings.

Neue Aufgaben sollten stets auf Bekanntem aufbauen. Wer sein Pferd beispielsweise über eine Plastikplane schicken möchte, sollte vorher sichergehen, dass es erfasst hat, auf welche Hilfe hin es nach vorne antreten soll.

Jaykie, Paint Horse (3) & Daniela
©Daniela Risse

Die Angst vor unbekannten Objekten zu verlieren ist für Pferde eine schwierige Aufgabe. Hat ein Pferd beispielsweise Furcht vor sich bewegenden und flatternden Gegenständen (z. B. einer Flagge), so muss es langsam lernen sich zu konfrontieren und seine Panik zu überwinden. Hierzu hält man das Pferd locker an einem längeren Strick und nimmt in die andere freie Hand eine flatternde Fahne oder eine Flagge. Reagiert das Pferd selbst beim Anblick des knisternden Gegenstands mit Angst, dann lassen wir es ruhig etwas zur Seite springen und ausweichen, wobei die Fahne der Bewegung folgt. Sobald unser Pferd auch nur tendenziell die Annäherung des Objekts zulässt, wird sie zur Seite genommen und dem Pferd zur Belohnung etwas Ruhe gegönnt. Wir nähern uns langsam weiter mit der Fahne in Richtung unseres Pferdes und belohnen es unmittelbar, wenn es dieses Herankommen zulässt.

Insgesamt müssen wir kleinschrittig mit unserem Pferd arbeiten, damit sich Erfolge einstellen. Dennoch sind bei korrekter Vorgehensweise mitunter in kürzester Zeit erste Fortschritte erzielbar. Dies gelingt aber nur, wenn wir geduldig vorgehen und an unserem Belohnungstiming arbeiten. Unser Pferd darf ruhig anfänglich weichen und erfahren, dass es Raum hat und nicht noch mehr in Panik geraten muss. Geben wir unserem Pferd die Möglichkeit, selbst herauszufinden, dass der mit Angst besetzte Gegenstand gar nicht gefährlich ist, wird es dies in seinem eigenen Tempo selbst erfahren wollen. Ähnlich wie bei uns Menschen ist alles Lernen, welches auf einer eigenen Erkenntnis beruht (*Aha-Erlebnis*) effektiver als alles, was uns andere rabiat eintrichtern.

Die Neugierde des Pferdes wird immer wieder über die Angst siegen, wenn es erlebt, dass es durch selbständige Annäherung an das Objekt dazu beiträgt, dass sich dasselbe entfernt. Dieser Belohnungseffekt führt zu einer Überzeugung, scheinbar unüberwindbare Situationen kontrollieren zu können. Unser Pferd lernt Sicherheit im Umgang mit unbekannten Objekten und erfährt zudem Selbstvertrauen.

Dieses Prinzip verstehen Pferde sehr schnell. Wir können sowohl die Fluchtmöglichkeiten unseres Pferdes als auch den Angst einflößenden Gegenstand auf diese Weise kontrollieren. Im Rahmen dieser Lernsituation erfährt unser Pferd, dass es sich nicht lohnt zu flüchten (das böse Objekt kommt ja mit). Vielmehr erfährt es, dass ihm sowohl die Annäherung an den Menschen als auch an den „gefährlichen" Gegenstand Vorteile (Ruhe, Abstand/Distanz) bringen.

Für die Arbeit mit einem Fluchttier bzw. einem sehr ängstlichen Vierbeiner kann ein auftrainiertes *Angstgegensignal* sehr hilfreich sein. Ziel dieser Vorgehensweise ist die Entspannung des Pferdes in einer kritischen Situation. Vergleichbar erreichen viele Menschen beispielsweise über autogenes Training einen gelösten Entspannungszustand. Pferde können diesen Weg aber nicht selbständig gehen. Sie benötigen eine kompetente Anleitung.

Bei Mensch und Pferd äußern sich emotionale Spannungszustände (Stress, Angst, Trauer) durch körperliche Reaktionen (Psychosomatik). Zum Beispiel wird die Atmung flacher und schneller und die Pulsfrequenz steigt an. Dagegen zeigt ein entspanntes Individuum eine langsame und tiefe Atmung und weist einen ruhigen Pulsschlag auf. Dieses entspannte Verhalten des Körpers kann (sowohl beim Menschen als auch beim Pferd) mit einem Kommando gekoppelt werden. Zu diesem Zweck muss das gewünschte Signal mehrmals und kontinuierlich im direkten Zusammenhang zu der körperlichen Reaktion erfolgen. Wir überlegen uns ein Wort (Signal), welches ansonsten in unserem Wortschatz nicht häufig gebräuchlich ist. Dieses Schlüsselsignal verwenden wir über Wochen (jeden Tag häufig und kurz) wiederholend in Gegenwart unseres Pferdes, wenn dieses sehr entspannt ist. Die Wahrscheinlichkeit ist sehr groß, dass unser Pferd neuronal eine Assoziation zwischen dem Gesagten und der eigenen körperlichen Gelassenheit herstellt. In späteren Angstsituationen können wir diese Verknüpfung (Signalwort = Entspannung) zur Bildung positiver Emotionen bei unserem Pferd nutzen. Zwar sind starke Panikzustände mit dieser Methode nicht in den Griff zu bekommen, aber bei aufsteigender Angst in heiklen Situationen kann sie sehr effektiv sein und größere Aufregung verhindern.

Angst und Aggression lassen sich häufig auf den ersten Blick nicht deutlich voneinander abgrenzen. In den meisten Fällen bedingen sie sich sogar.

Aggressives Verhalten richtig einschätzen

Aus einer anfänglichen Ungezogenheit entwickelt sich schnell ein sog. „Problemverhalten". Sind die Grenzen auch fließend, ein tatsächliches Problemverhalten ist durch die stärkere emotionale Beteiligung des Pferdes erkennbar. Unerzogenheiten sind hingegen leichter kontrollierbar und klingen auch meist schneller wieder ab. Bei schweren Panik- und Aggressionsproblemen sind die Gesundheit und die Unversehrtheit der Beteiligten mitunter in ernster Gefahr.

Aggressionen gehören eigentlich nicht zum Instinktprogramm von Pferden. Als soziale Wesen und Pflanzenfresser sind sie naturgegeben äußerst verträglich und friedvoll. Dennoch existieren unzählige als aggressiv geltende Pferde. Diese Pferde sind aber nicht mit diesem Verhalten auf die Welt gekommen. Sie haben durch falsches Handling oder schlechte Haltungsbedingungen gelernt, dass sie sich verteidigen müssen.

Aggressives Verhalten ist immer die Folge von Angst und/oder Schmerzen. Betroffene Pferde müssen erst einmal wieder verstehen lernen, dass sie dem Menschen vertrauen können. Diese Sicherheit kann nur durch ein sehr kleinschrittiges Training erfolgen. Wenn aggressive Pferde bemerken, dass sich das Zusammensein mit dem Menschen für sie lohnt und sie keinerlei Strafe zu befürchten haben, dann legt sich ihre anfängliche Angst meist sehr schnell.

Auch wenn sich Pferde ihrer immensen Kraft nicht bewusst sind, sollten wir unter keinen Umständen versuchen, einen Machtkampf mit einem aggressiven Pferd auszufechten. Der Mensch verliert diesen ganz sicher. Auch wird sich das Pferd in seiner Angst und Aggressivität bestätigt fühlen. Besser ist es, aggressives Verhalten (auch gegen den Menschen) zu ignorieren und umzuleiten. Oberstes Gebot ist immer der Selbstschutz. Entsprechend kann die Hilfe eines erfahrenen Ausbilders nötig sein.

Aggressionsarten

► **Untereinander**: Einige Pferde reagieren auf Artgenossen in der Herde aggressiv. Auch angestaute Wut auf einen räumlich unerreichbaren Artgenossen kann sich in der Folge gegen andere Pferde richten und entladen. Dem Menschen begegnen sie aber dennoch häufig aufgeschlossen und positiv.

► **Angst/Schmerzen**: Pferde mit negativen Erfahrungen entwickeln häufig die Überzeugung sich selbst schützen zu müssen.

► **Dominanz**: Rangordnungskämpfe werden mitunter äußerst aggressiv ausgefochten. Den Menschen betrifft dies allerdings auf diese Weise nicht. Er wird nicht als Herdenmitglied betrachtet.

► **Territorial**: Ist der Bedarf an Raum und Platz nicht gedeckt, verteidigen Pferde ihr Revier gegenüber Vier- und Zweibeiner.

► **Mutterinstinkt**: Stuten schützen ihr Fohlen durch unmittelbaren Angriff. Auch rangniedrige Mutterstuten verteidigen ihren Nachwuchs energisch und eindringlich.

In den meisten Fällen werden Pferde regelrecht zur Aggressivität erzogen. Sowohl zu viel Härte, Dominanz und Allmachtsansprüche des Menschen als auch Inkonsequenz und ständige Nachgiebigkeit münden in der Folge in einem unsicheren oder völlig verwirrten Pferd, dessen letzter Ausweg der aggressive Selbstschutz ist. Pferde brauchen einen Menschen, der fähig ist, seine Körpersprache klar und deutlich einzusetzen und darüber hinaus faire und konsistente Regeln des sozialen Miteinanders aufstellt. Zudem benötigen alle Pferde dringend den ausgiebigen Kontakt zu Artgenossen. Wird ihnen dies verweigert, so können sie ihr angestautes Unglück nur über Aggressivität zum Ausdruck bringen.

Bei sehr aggressiven Hengsten gilt es immer zu reflektieren, aus welchen Gründen dieser unbedingt Hengst bleiben muss. Meist gehören mit einer Kastration und der hormonellen Veränderung alles aggressive Verhalten und jedwede potenzielle Gefahr der Vergangenheit an. Einem artgerechten Leben in der Herde und einem harmonischen Zusammensein mit dem Menschen steht dann nichts mehr im Weg.

Exkurs: Der ängstliche Reiter – Wege aus der Hilflosigkeit

Ähnlich wie Pferde sind auch wir Menschen evolutionsgeschichtlich auf Angst programmiert, um in Gefahrensituationen adäquat handeln zu können. Unser Körper reagiert in einer Notlage mit Automatismen, die geeignet sind, entweder Flucht oder Verteidigung auszulösen.

Da besonders die Emotion Angst ein derart durchgreifendes Überlebenshilfsmittel ist, kann die Schwelle für auslösende Reize vereinzelt sehr tief angelegt sein. Um das typische Angstgefühl in Verbindung mit den entsprechenden unangenehmen körperlichen Reaktionen auszulösen, braucht bei manchen Menschen nicht unbedingt etwas Dramatisches in ihrer Umwelt passieren. Schon bei „geringfügigen" Anlässen reagiert der Körper, wobei zusätzliche negative Katastrophengedanken diesen Vorgang zumeist verstärken und beschleunigen.

Bei einem Lebewesen, das dazu tendiert, bei drohender Gefahr schnell Angst zu empfinden, ist die Überlebenschance generell höher einzuschätzen als bei einem Individuum, das sich unreflektiert vor lauter Neugierde in sämtliche Situationen begibt. Gewiss existiert kein Richter, welcher bindend entscheiden könnte, in welcher Situation Angstgefühle angebracht sind und in welcher nicht. Die Reizschwelle ist individuell. Bei der generellen Angstbereitschaft spielen sowohl genetische Faktoren als auch die verschiedenartigen Erfahrungen, die ein Mensch im Laufe seines Lebens gemacht hat, eine entscheidende Rolle.

Anstatt im Ernstfall das eigene Leben zu schützen oder sogar zu retten, kann Angst aber auch krankmachen und das Leben schwer belasten. Viele Menschen leiden unter Phobien, die behandlungsbedürftig (und auch heilbar) sind. So auch im Reitsport. Entweder z. B. durch traumatische Reitunfälle, durch Verluste oder auch basierend auf einer ängstlichen Grundhaltung (Kontrollverlustangst gegenüber dem deutlich „mächtigeren" Tier) können langfristige unangenehme Gefühlszustände entstehen.

Nicht selten erleben Reiter, dass ihre Pferde im Gelände durchgehen, und sie erfahren ein Gefühl der Ohnmacht, welches sich so leicht nicht verdrängen lässt. In ähnlich gelagerten Situationen oder auch nur bei der aufkommenden Befürchtung, es könnte etwas Schreckliches passieren, reagiert der Körper mit Angst. Zukünftig wird dann jede mutmaßlich bedrohliche Situation (z. B. ein Ausritt) vermieden. Leider ist es aber gerade diese Vermeidungsstrategie, die die Angst größer werden lässt. Schrittweise nehmen Sorgen und negative Erwartungen mehr Raum ein und bestimmen irgendwann den Umgang mit dem Pferd. Meist bleiben die Ängste nicht mehr an „vernünftige" Auslöser gebunden, sondern übernehmen die Kontrolle.

Angstauslöser beim Menschen im Zusammenhang mit dem Reitsport

▶ **Traumatische Erlebnisse**
   (Unfälle oder Verluste),

▶ **Überforderung**
   (beim Reiten oder im Umgang mit dem Pferd),

▶ **unbekannte Situationen**
   (neues Gelände oder fremdes Pferd),

▶ **Ohnmachtgefühle**, die durch das Pferd ausgelöst werden
   (Durchgehen, Scheuen, Steigen),

- **ständige Kritik**
  (von Reitlehrern, Eltern, Stallkollegen),
- **Leistungsdruck**
  (bei Turnieren oder Prüfungen),
- **starker Stress**
  (privat oder beruflich),
- **mangelndes Selbstvertrauen** im Umgang mit dem Pferd
  („Das kann ich niemals lernen!"),
- **negative Kernüberzeugung**
  („Mein Pferd mag mich nicht!").

Angst in Verbindung mit dem Reiten bzw. bezogen auf den Umgang mit dem Pferd reicht von diffuser Ängstlichkeit bis hin zu einer behandlungsbedürftigen Panikstörung, die sich weiter ausbreitet. Häufig muss in der Vergangenheit nicht zwangsläufig etwas Schlimmes passiert sein, damit die Angstspirale startet. Dennoch haben viele Menschen im Laufe ihres Lebens traumatische Erfahrungen in Verbindung mit Kontrollverlust erlebt. Da Reiten eng verbunden ist mit (Ur-)Vertrauen und dem Loslassen-Können (siehe Kapitel 5), sehen sich viele Menschen mit sich selbst und ihren vermeintlichen „Schwächen" konfrontiert – mitunter eine bittere Erkenntnis, die sie schnell an sich selbst und ihren Fähigkeiten zweifeln lässt.

Leider neigen besonders ängstliche Menschen dazu, sich selbst die Schuld am gesamten Unrecht dieser Welt zu geben. Da liegt es nahe, dass auch das unglückliche Zusammensein mit dem Pferd zwangsläufig ihr eigenes Verschulden sein muss. Diese Grundüberzeugung verschlimmert allerdings die Angst und verhindert alle Entspannungszustände. Ängstlichen Menschen steht besonders ihr Perfektionismus im Weg. Im Umgang mit dem Pferd ist dieser aber äußerst hinderlich. Wer häufig Angst und Unsicherheit empfindet, hat auch meist den Eindruck, grundsätzlich weniger wert zu sein als andere.

Basierend auf dieser Kernüberzeugung entwickelt sich leicht der Grundsatz, immer alles richtig machen zu müssen, um das mangelnde Selbstwertgefühl zu kompensieren.

Warum die Angst vermehrt im Stall oder im Beisammensein mit dem Pferd auftritt, liegt darin begründet, dass wir unser Pferd niemals wirklich kontrollieren können. Wir müssen uns instinktiv auf unsere eigene Einschätzung und unsere Kompetenzen verlassen können. Im Umgang mit einem 600 Kilogramm schweren Tier kann dies für viele Menschen den völligen Kontrollverlust bedeuten.

Nehmen Angst und Sorgen überhand und hemmen uns in unserer Freiheit, so kann nur gezieltes *Handeln* aus dem Dilemma führen. Aktivität löst Verspannungen, baut Adrenalin ab und lenkt zudem von den sich kreisenden Angstgedanken ab. Tatkraft birgt das Potenzial, sich selbst nicht länger als ausgeliefertes Opfer seiner eigenen Angst zu fühlen. *Was ist also zu tun?*

Handlungsstrategien für ängstliche Reiter

▶ **Erkenntnis**:
  Ich handle immer selbstbestimmt!
▶ **Abgrenzung**:
  Ich möchte nicht länger die Erwartungen anderer erfüllen!
▶ **Einsicht**:
  Ich möchte etwas verändern!
▶ **Selbstschutz**:
  Ich konfrontiere mich mit meiner Angst schrittweise!
▶ **Unterstützung**:
  Ich muss nicht alles alleine schaffen und hole mir Hilfe!
▶ **Haltung**:
  Ich bin offen für positive Erfahrungen!

▶ **Akzeptanz:**
Ich nehme meine eigenen Grenzen an!
▶ **Reflexion:**
Ich hinterfrage meine Angst!
▶ **Anerkennung:**
Ich darf stolz auf meine Erfolge sein!

Jeder Mensch muss seinen eigenen Weg im Zusammenhang mit Ängsten finden und gehen. Alle Vorgaben oder Erwartungshaltungen anderer sind kontraproduktiv und erschweren die konstruktive Auseinandersetzung. Hilfestellungen sollten immer nur eine Hilfe zur Selbsthilfe darstellen.

Ähnlich wie unsere Pferde brauchen auch wir Menschen eine Balance zwischen Anspannung und Entspannung. Es existieren etliche Möglichkeiten, sich selbst zu entspannen und Ruhe in den gestressten Körper zu bringen. Wem entsprechende Techniken wegen anhaltender Unruhe nicht liegen, der kann auch über körperliche Betätigung (Laufen oder Boxen) Spannungen abbauen, bevor Kontakt mit dem Pferd aufgenommen wird. Körperliche Anstrengungen sind als Ventil geeignet, nicht nur den gesamten Organismus, sondern auch Geist und Seele zu entspannen. Nicht selten ist (scheinbare) Angst eigentlich unterdrückte Aggression.

Ängsten sollten wir mit der nötigen Ernsthaftigkeit begegnen und uns langsam an die Problematik herantasten. Bodenarbeit mit dem Pferd und gemeinsame Vertrauensübungen sind sehr geeignet, bedächtig (wieder) Zutrauen aufzubauen. Geeignete Übungen für die individuelle Angst sollten an die einzelne Person und deren Fähigkeiten bzw. Möglichkeiten angepasst sein. Es gilt vor allem ressourcenorientiert zu arbeiten und sich weniger auf das zu konzentrieren, was derzeit *noch* nicht umgesetzt werden kann. Ein Patentrezept existiert leider nicht. Meistens hilft schon die Bereitschaft zur Auseinandersetzung zu einer Verbesserung des Selbstwertgefühls. Vermeidung wird hingegen häufig als „Versagen" empfunden.

Stress sollte sowohl für den Reiter als auch für das Pferd auf ein Minimum verringert werden. Bereits beim Aufsitzen können wir unser eigenes Tempo finden und unsere Atmung kontrollieren (siehe Exkurs Kapitel 5). Zunächst sollten wir vorwiegend in Dehnungshaltung reiten. Diese Körperhaltung ermöglicht es dem Pferd sich ebenso zu entspannen und sich behaglich fortzubewegen. Bewusstes Reiten in Verbindung mit einem inneren Gefühl der Sicherheit verhindert Fluchtbereitschaft und Unruhezustände des Pferdes. Die eigene Gelassenheit überträgt sich zudem direkt auf unser Pferd. Ängste können sich langsam abbauen.

 **Auf einen Blick**

▷ Jeder Umgang mit dem Pferd hat immer einen ausbildenden und einen erzieherischen Charakter.

▷ Individualität und Charaktereigenschaften des Pferdes sollten erfasst und berücksichtigt werden.

▷ Das Verhältnis zwischen Angstzustand und Wohlbefinden muss ausgeglichen sein.

▷ Angst ist sinnvoll und überlebenswichtig.

▷ Vermeidungsverhalten verschlimmert die Angst.

▷ Liegt eine Panikstörung vor (beim Pferd oder beim Menschen) kann nur die Konfrontation helfen.

▷ Pferde sollten früh mit Reizen konfrontiert werden, die geeignet sind, kurzfristig Stress auszulösen.

▷ Angst kann auch ein Hinweis auf unerkannte Schmerzen oder den Verlust eines Sinnesorgans sein.

▷ Auf eine Reizüberflutung (*Flooding*) sollte in jedem Fall verzichtet werden.

▷ Das Vorgehen der Wahl ist bei Angstproblemen die *Habituation* oder die *operante Konditionierung*.

▷ Aggressives Verhalten ist immer die Folge von Angst, Schmerzen und Erziehungsfehlern.

Moka, Haflinger-Wallach (2) & Dr. Alfonso Aguilar
©BECCA E DOMENICO
www.beccaedomenico.com

TNT`s Red Magic Rose, Quarab-Stute (2) & Carsten Schultze
©Alexandra Klee
www.ak-photographics.de

8

Probleme und Strategien

„Sage es mir, und ich vergesse es;
zeige es mir, und ich erinnere mich;
lass es mich tun, und ich behalte es. "
(Konfuzius)

Eine Auflistung aller möglichen Korrekturen am Pferd zu erstellen ist unmöglich und sprengt den Rahmen. Die gute Nachricht: Das grundsätzliche Prinzip ist vorwiegend dasselbe und eine Umerziehung ist möglich. Bei „Problemen" mit dem Pferd hat es sich bewährt, sich weniger auf die vorliegende Verhaltensauffälligkeit zu konzentrieren, als vielmehr den Fokus auf das Erlernen des erwünschten Verhaltens zu richten. Mit „Problempferden" wird nicht anders gearbeitet als mit anderen Pferden auch. Auf welche Weise vorhandene Probleme gelöst bzw. behoben oder umgelenkt werden, ist abhängig von den Begebenheiten der jeweiligen Situation.

Häufig ist es notwendig sich Hilfe von erfahrenen Trainern zu holen. Hierbei sollte sich jeder Pferdebesitzer darüber bewusst sein, dass er sein „problematisches" Pferd nicht einfach bei einem Ausbilder abgeben kann und dann ein „wiederhergestelltes" Pferd zurückbekommt. Die vorhandenen Probleme haben Gründe und diese liegen nicht nur beim Pferd. Der Besitzer muss bereit sein mitzuarbeiten und sein eigenes Verhalten kritisch zu überdenken. Wir sollten immer den Anspruch an uns selbst haben, noch dazuzulernen, und uns von einem guten Ausbilder anleiten lassen. Hierfür sollten wir uns selbst und unserem Pferd viel Zeit einräumen, denn der Beziehungsaufbau mit dem Pferd erfordert Raum, Geduld und Erfahrung. Bei aller Korrektur und jeglichen Umlernprozessen muss der erste Schritt immer die *Ursachenanalyse* sein.

Häufige Gründe für Probleme:

▶ **Kommunikationsfehler**: Das Pferd versteht seinen Menschen nicht. Es ist verwirrt, was dieser von ihm will.

▶ **Isolation**: Ungeeignete Haltungsbedingungen verhindern ausreichend Bewegung und den Kontakt zu Artgenossen.

▶ **Schmerzen**: Das Pferd versucht durch seine Gegenwehr mitzuteilen, dass es körperlich nicht der Lage ist, das Erwünschte umzusetzen.

▶ **Überforderung**: In der Vergangenheit ist an das Pferd ein zu hoher Anspruch gestellt worden und es wehrt sich dagegen.

▶ **Unterforderung**: Das Pferd ist im Laufe seiner Ausbildung nicht genügend gefordert worden und hat gelernt, dass Widerstand zur Entlassung aus der Situation führt.

Wer ein Problem effektiv angehen möchte, ist anhaltend gut beraten, wenn er verschiedene Lösungsmöglichkeiten in Betracht zieht. Zu berücksichtigen sind immer die spezifischen Umstände, der Zeitfaktor, das Problem selbst und die charakterlichen Eigenschaften des Pferdes. In den vorangegangenen Kapiteln wurden die verschiedenen Lernmöglichkeiten des Pferdes ausführlich theoretisch dargelegt. In der Praxis finden hiervon folgende erfolgsversprechende Methoden Anwendung:

Lernen durch:

▶ operantes Konditionieren,

▶ Habituation (Gewöhnung),

▶ Beobachtung (Nachahmung, Imitation) und

▶ Ignoranz bzw. Aufmerksamkeitsentzug.

Nachfolgend einige in der Praxis häufig vorkommende Problembeispiele mit dem Pferd, die durch konsequentes und faires Training lösbar sind.

Distanzprobleme: Wer ist der Herdenchef?

Häufig akzeptieren Pferde den Individualabstand des Menschen nicht. Sie schubsen, stoßen und scheuern sich ungehemmt an ihren Besitzern. Besonders dann, wenn eigentlich ruhiges Stehen gefordert ist (z. B. beim Putzen), kommen viele Pferde ihrem Menschen zu nahe und drängeln. Ein derartiges Verhalten zeugt von einem Pferd, das sich entweder selbst in der Führungsrolle sieht oder insgesamt verwirrt bezüglich der „Rangordnung" ist. Auch Pferde sollten angehalten werden, dem Partner Mensch mit Respekt zu begegnen. Das Ignorieren des Individualabstandes ist rücksichtsloses Verhalten. Der effektivste Umgang mit einem schubsenden Pferd ist, dass wir unseren Platz und Raum konsequent einfordern und unter keinen Umständen ausweichen. Dazu stellen wir ca. einen Meter Abstand zu unserem Pferd her. Sobald sich unser Pferd auch nur tendenziell in unsere Richtung bewegt, verhindern wir beim Anheben des ersten Beines das weitere Vorrücken mit dem Wedeln eines Gegenstandes (z. B. Gerte, Zügelenden oder Handbewegung). Obwohl das Pferd bei dieser Aktion nicht berührt werden sollte, dürfen die Bewegungen schwunghaft sein und in ihrer Ausführung beeindrucken. Die Intensität ist abhängig von der Sensibilität des Pferdes. Steht das Pferd in gewünschter Körperhaltung wieder auf seinem Platz, müssen alle Korrekturmaßnahmen direkt eingestellt werden. Bis das Erziehungsziel bei unserem Pferd angekommen ist, sind mehrere beharrliche Wiederholungen notwendig. Dabei gilt wie immer der Grundsatz: *Wer unerwünschtem Verhalten zuviel Aufmerksamkeit widmet, riskiert es positiv zu verstärken.*

Führprobleme: Wer geht mit wem spazieren?

Nicht selten zappeln Pferde am Strick herum, gehen schräg zur Seite oder werden ungeduldig, wenn sie in gebührlichem Abstand zum Menschen laufen sollen. In so mancher Beziehung zwischen Pferd und Mensch ist die „Herdencheffrage" bisweilen ungeklärt. Sind der Führungskompetenzen des Zweibeiners und dessen Vertrauenswürdigkeit unklar, weigern sich viele Pferde, ihrem Menschen zu folgen. Eine durchgreifende Vorgehensweise, um sich Respekt und Achtung zu verschaffen, ist das *Rückwärtsrichten*. Zeigt sich unser Pferd ablehnend und widerwillig gegenüber dem ruhigen Mitgehen, drehen wir es kommentarlos um und lassen es so lange rückwärts laufen, bis sich der Vierbeiner beruhigt hat und gewillt ist, uns zu folgen. Da für Pferde das Rückwärtslaufen anstrengend und unangenehm ist, tritt alsbald ein Lerneffekt ein (ausführlicher unten in diesem Kapitel).

Eine weitere Korrekturhandhabe besteht in der Begrenzung des Pferdes mit dem Strick oder einer Gerte. Das Pferd wird hierbei kurz angehalten, um es in die richtige Position (neben oder schräg hinter uns) zu schicken. Verlässt es die vorgegebene Stellung (zu weit nach vorne oder zu nah an den Menschen), wird mit der Gerte oder dem Strick auf entsprechender Höhe nach oben und unten gewedelt. Auch hierbei hängt die Intensität der Bewegung von der individuellen Empfindlichkeit des Pferdes ab. Ziel der Übung ist die Akzeptanz der von uns mit einem Hilfsmittel markierten Grenze.

Das häufig zu beobachtende Ziehen und Zerren am Strick, wenn ein Pferd sich unwillig zeigt, hat wenig positive Wirkung. Oberste Priorität muss immer sein, dass unser Pferd lernt, dass ihm das gemeinschaftliche Handeln im Einklang mit dem Menschen Vorteile verschafft. Dieser Lerneffekt sorgt in der Folge (übertragbar auf viele Situationen) für ein harmonisches Miteinander, verhindert Machtkämpfchen und vereinfacht den gemeinschaftlichen Umgang.

Autoritätsprobleme: Wer gibt hier den Weg vor?

Nur zu gerne zeigen Pferde z. B. bei einem entspannten Ausritt „urplötzlich" an, dass sie jetzt nach Hause wollen, und setzen ihr Vorhaben ungefragt in die Tat um. Ganz so übereilt kommt dieser „Geistesblitz" aber nicht. Durch sukzessiv aufgebaute Anspannung (ggf. ausgelöst durch Angst, Unlust, Futterzeit oder Gewohnheit) kündigen Pferde ihr Vorhaben an, wobei dies in der Intensität variieren kann. Nicht selten handelt es sich auch immer wieder um dieselben Stellen oder Wegkreuzungen. Ist dies der Fall, so sollten wir nicht vorher schon unbewusst die Sorge entwickeln, dass unser Pferd gleich kehrtmacht und in Richtung Stall läuft. Durch Angst erhöhen wir nur die Auftretenswahrscheinlichkeit, da sich unsere Sorge aufs Pferd überträgt. Besser ist es, wenn wir erste Anzeichen des unerwünschten Verhaltens wahrnehmen, unmittelbar die Gangart vom Schritt in den Trab wechseln und die Zügel aufnehmen. Sodann lassen wir unser Pferd seitwärts treten oder drehen es um und richten es rückwärts entlang der Kreuzung oder des Weges in die von uns gewünschte Richtung. Ist die „heikle" Stelle passiert, so wird auch die anstrengende Übung eingestellt. Den gesamten Vorgang über sind wir entspannt, wortlos und ohne jede Aggression oder Schuldzuweisung.

Platzangstprobleme: Da lauf ich nicht durch!

Platzangst gehört zum natürlichen Verhaltensrepertoire des Pferdes. Dennoch können Pferde lernen, dass sie unversehrt bleiben, wenn sie Engpässe bzw. begrenzte Durchgänge durchqueren und überwinden. Auch wird das Vertrauensverhältnis zum Menschen durch eine positive Erfahrung gefestigt.

Für eine Übungssituation können wir einen Engpass aus Strohballen bilden. Es muss im Vorfeld gewissenhaft darauf geachtet werden, dass das Pferd an keiner Stelle hängen bleiben kann oder sich verletzen könnte. Den Durchgang können wir zunächst noch sehr weit gestalten, um ihn dann allmählich zu verengen. Anfänglich kann es im Sinne des Beobachtungslernens sinnvoll sein, einem ruhigen und gelassenen Pferd den Vortritt zu lassen. Ohne eigenes Handeln wird unser Pferd aber die Angst nicht überwinden können. Ist es dann erstmalig durch den „riskanten" Engpass hindurchgegangen, sollten wir es ausgiebig loben. Auch jeder kleine Schritt in die richtige Richtung sollte positiv verstärkt werden. Angst darf hingegen nicht bestraft werden. Dies hätte eine kontraproduktive Wirkung auf den Lernvorgang. Das Hindernis sollten wir von beiden Seiten üben, damit das Pferd seine Scheu verliert. Wenn beide Seiten erfolgreich bewältigt wurden, sollte das Hindernis an weiteren Örtlichkeiten aufgebaut werden, damit sich der neu erworbene Mut nicht nur auf einen Standort begrenzt.

Ähnlich gehen wir bei der häufig vorkommenden *Anbindepanik* vor: Ziel ist es, dass wir unserem Pferd beibringen, auf Druck hin nachzugeben. Pferde mit stark ausgeprägtem Oppositions-Reflex müssen lernen, diesen zu minimieren. Hierbei sollte keinesfalls der Strick reißen oder ein spröder Anbindebalken brechen. Auch sollten wir unser Pferd aus Mitleid nicht losbinden, sofern es sich ins Halfter hängt und wehrt. Losgebunden wird es erst, wenn es ruhig steht. Sehr ängstliche Vierbeiner können vorab in einer für sie angenehmen Situation angebunden werden, so beispielsweise in der Box beim Füttern. Erst wenn dieser Vorgang problemlos verläuft, kann die Örtlichkeit gewechselt werden. Es kann eine nützliche Hilfestellung sein, dass wir unser Pferd zwischen zwei entspannten und ruhigen Pferden stehen lassen. Der Abstand sollte allerdings groß genug sein, damit sich die Panik nicht überträgt, sondern das ängstliche Pferd seine Artgenossen in ihrer Gelassenheit imitiert.

Grundsätzlich gilt: *Bei realer Panik hilft keinerlei Strafe.* Bestrafung verschlimmert nur die Angst und ist in keiner Weise geeignet, instinktives Verhalten zu unterbinden. Zerreißt unser Pferd allerdings beabsichtigt Halfter und hängt sich mit aller ihm zur Verfügung stehenden Kraft auf, so kann ein ordentlicher Klaps auf die Kruppe dienlich sein, bevor ernsthafte Verletzungen entstehen.

Verladeprobleme: In den Hänger geh ich nicht!

Auch der Hänger ist ein Engpass und eine Begrenzung, die vielen Pferden unheimlich ist. Beinahe alle Pferde haben zunächst Angst, in einen Hänger zu gehen. Der Mensch sollte diese Furcht als das ansehen, was sie ist: Instinktprogramm. Ein Pferd, welches das Verladen verweigert, geht nicht dem hinterhältigen Versuch nach, seinen Besitzer zu verärgern oder sogar zu dominieren. Wer in einer solchen Situation auf die vermeintliche „Ungehorsamkeit" des Pferdes mit Druck antwortet (z. B. am Strick ziehen und zerren), hat seinem Pferd erfolgreich beigebracht, dass der Hänger gefährlich ist. Zudem löst Druck beim Pferd Gegendruck (*Oppositions-Reflex*) aus (siehe Kapitel 1). Wer sich jetzt auch noch auf ein „Tauziehen" einlässt, der wird diesen Kampf haushoch verlieren und eine erhebliche Verletzungsgefahr auf beiden Seiten riskieren. Zudem hat das Pferd gelernt, dass es sich unangenehmen Situationen durch Kräftemessen entziehen kann.

Verladen sollte immer mit absoluter Ruhe und Besonnenheit geübt werden. Wir sollten vorerst nur sanften Druck auf unser unsicheres Pferd ausüben. Jeden kleinen Schritt belohnen wir mit Futter oder stimmlichem Lob. Das Verladetraining ist mitunter ein langwieriger Prozess, bis der Vierbeiner Vertrauen gefasst hat. Entsprechend viel Zeit sollten wir uns und unserem Pferd einräumen. Hierbei hat es sich bewährt, dass wir unser lernendes Pferd immer wieder vor- und zurückgehen lassen und ihm dabei mehrere Versuche einräumen. Manchmal kann es hilfreich sein, einen vertrauten (ggf. älteren) Artgenossen vorher in den Hänger gehen zu lassen.

Mögliche Ursachen für problematisches Verladen:

▶ **Unabsichtliche Bestrafung**: Erste Versuche des Pferdes einzusteigen werden vom Menschen nicht belohnt, sondern durch Druck verhindert und damit ungewollt bestraft.

▶ **Paradoxe Anweisungen**: Zu viele anwesende Helfer machen alle Beteiligten nervös. Pferde sind gewöhnlich von unterschiedlichen und sich ggf. widersprechenden Signalen verwirrt.

▶ **Fehlerhaftes Belohnen**: Durch falsches Timing wird das Pferd unabsichtlich belohnt, wenn es zurückzieht. Belohnt wird erst, wenn unser Pferd erwünschtes Verhalten zeigt.

▶ **Zeitdruck**: Durch Ungeduld bleibt das Pferd immer ängstlich und lernt nicht zuverlässig und vertrauensvoll in den Hänger zu gehen.

▶ **Fehlende Empathie**: Ist das Pferd im Hänger, wird unmittelbar die Klappe geschlossen, obwohl das Pferd eigentlich noch draußen sein möchte. Diesen gravierenden Fehler wird unser Pferd beim nächsten Verladen dadurch quittieren, dass es vor dem Schließen herausstürmt. Das Verletzungsrisiko ist dann sehr groß.

Häufig weichen Pferde anfänglich jedem Versuch aus, sich dem Anhänger auch nur zu nähern. Selbst wenn unser Pferd noch einige Meter vom Ziel entfernt ist, aber erstmalig eine Position in Richtung Hänger einnimmt, sollten wir diese geringfügige Tendenz erkennen und unverzüglich belohnen. Auch kleinste Veränderungen müssen unbedingt positiv verstärkt werden. Sukzessives Arbeiten mag zwar länger dauern, ist allerdings sehr effizient. Belohnung und Korrektur müssen indessen zeitgleich mit dem entsprechenden Verhalten gegeben werden. Eine Zeitverzögerung bewirkt ansonsten, dass ein anderes (ggf. ungewolltes) Verhalten verstärkt wird.

Beim Verladetraining ist es zweckmäßig, wenn der Mensch seitlich neben dem Hänger steht und leichten Druck auf das Halfter in Richtung Anhänger ausübt. Dagegen ist es äußerst gefährlich, vor dem Pferd herzugehen. Wenn es Angst bekommt, könnte es in Richtung des Menschen springen und diesen verletzen. Das seitliche Verladen ist also bedeutend sicherer. Unser Pferd können wir zudem auch mit der Stimme motivieren und gleichzeitig mit einem Strick treibend einwirken. Wir sollten uns den gesamten Verladeprozess hindurch darüber im Klaren sein, dass Pferde nur dann in den Hänger gehen, wenn sie auch in denselben hineinschauen. Um dies zu vermeiden, neigen manche Pferde dazu, den Menschen wegzudrücken oder gegen ihn zu laufen. Entsprechend sollten wir unser Pferd aus Sicherheitsgründen dringend auf Abstand halten. Sobald unser Pferd dann in den Hänger schaut, sollten wir ihm unmittelbar eine Pause als Belohnung gönnen.

Wichtig ist, dass wir vorerst mit ganz sanftem Druck arbeiten, um diesen in seiner Intensität schrittweise zu steigern. Auf diese Weise können wir sicherstellen, dass wir unser Pferd nicht überfordern. Erwünschtes Verhalten wird sofort gelobt. Einen ersten gelingenden Versuch (z. B. ersten Schritt in den Hänger) – mag er auch anfänglich zaghaft ausfallen – belohnen wir dadurch, dass wir unser Pferd wieder zurückschicken. Mit diesem Rückwärtsrichten wird etwaigen Blockaden des Pferdes bei erneuten Versuchen vorgebeugt. Auch zeigen sich Pferde bei dieser Herangehensweise häufig motiviert und entwickeln einen vorteilhaften Vorwärtsschub, wobei sie parallel das Hinausgehen aus dem Hänger lernen.

Mögliche Verladepositionen:

▶ Der Mensch steht seitlich neben der Rampe und schickt sein Pferd hinauf.

▶ Der Mensch geht neben dem Pferd mit in den Hänger.

▶ Vor dem Hänger wird das Pferd longiert, um es dann hinaufzuschicken.

Das Verladen sollten wir wiederholt mit stoischer Ruhe und Gelassenheit sowie einem exakten Gespür für Belohnungstiming durchführen. Mehrmaliges Training an verschiedenen Orten ist wichtig, damit unser Pferd überhaupt eine Chance hat, langfristige Erfolge zu erzielen und sich auch in Zukunft vertrauensvoll verladen lässt.

Übungen für den sicheren Umgang

Viele sog. Unarten von Pferden lassen sich durch ein regelmäßiges Training verbessern oder sogar beheben. Bodenarbeit ist das Fundament für alles, was wir später mit unserem Pferd erreichen oder von ihm verlangen wollen. Für die folgenden Basisübungen sollten einige Voraussetzungen gegeben sein:

▶ **Deutliche Kommandos**: Wir sollten stets bewusst unsere Kommandos an unser Pferd überdenken. Wer bei jedweder Aktion immerzu schnalzt, der muss sich nicht wundern, dass sein Pferd die unterschiedlichen Arbeitsanweisungen nicht auseinanderhalten kann. Im Vorfeld sollten wir uns klar machen, welches stimmliche Kommando zu welcher Lektion motivieren soll. Die Stimme als differenziertes Hilfsmittel kann sehr effektiv sein, wenn wir sie für Lektionen mit unserer Körperhaltung kombinieren und konsequent einsetzen.

▶ **Arbeitsbedingungen**: Unabhängig davon, ob wir im Round Pen, auf dem Reitplatz, in der Halle oder auf der Wiese trai-

nieren, unser Pferd muss erkennen, dass es sich um eine Ar-
beitseinheit handelt.

► **Stufenregulation**: Für ein förderliches Training sollten wir
die Übungen in unterschiedliche und aufeinander aufbauende
Schwierigkeitsgrade einteilen. Hat unser Pferd eine Stufe
erfolgreich gemeistert, so bekommt es eine positive Rückmeldung. Reagiert es überfordert, bockig oder genervt, dann kann
es sein, dass wir eine Stufe zurückgehen müssen, damit unser
Pferd ein sicheres Ergebnis zeigen kann und weiter motiviert
bleibt.

► **Rückmeldung**: Das einträglichste Lernen findet dann statt,
wenn unser Pferd stetig eine an seinen Ausbildungsstand
angepasste Rückmeldung bekommt. Pferde sind individuell
unterschiedlich in ihrer Lernbegeisterung. Wir sollten unser
Pferd genau beobachten und lernen, sein Entgegenkommen zu
erkennen und bewusst zu fördern.

Alle Ausbildung von Pferden bewegt sich zwischen zwei Polen.
Halten wir unser Pferd nachhaltig von jedem Stress fern, kann sich
dies in sehr unflexiblem und an starren Mustern orientiertem Verhalten niederschlagen. Auch die Reiterei kann dann manchmal nur noch
eingeschränkt umgesetzt werden.

Auf der anderen Seite mündet die anhaltende Konfrontation mit
Stress in Lernrückschritten. Selbst für erfahrene Pferdetrainer kann
diese Grenzarbeit zwischen zwei Angelpunkten eine Herausforderung darstellen.
Bei traumatisierten Pferden kann die absichtliche Arbeit an der
Grenze enorm vertrauensbildend sein – sollte aber den wirklich guten und intuitiven Profis überlassen werden.

Jedes Training sollte stets einen intensiven Gesprächscharakter aufweisen. Während der Mensch einen Vorschlag macht, antwortet das Pferd. Widerspricht es, so bedeutet dies nicht, dass das fortlaufende Gespräch jetzt einen aggressiveren Ton bekommt. Vielmehr sollten wir in einer solchen Situation nicht enttäuscht oder gekränkt reagieren, sondern unser Angebot neu benennen, deutlicher ausdrücken oder besser an die gegebenen Fähigkeiten des Pferdes anpassen.

> *„Wenn du eine weise Antwort verlangst,*
> *musst du vernünftig fragen. "*
> *(Johann Wolfgang von Goethe)*

Haben wir ein Signal drei Mal auf dieselbe Weise gegeben und unser Pferd antwortet nicht mit dem gewünschten Verhalten, dann liegt der Fehler in unserer Kommunikation. Eventuell kann auch ein Themenwechsel hin zu einem Gebiet sinnvoll sein, auf welchem unser Pferd schon positive Erfahrungen hat sammeln können. Zu einem späteren Zeitpunkt kann das „schwierige" Thema dann erneut aufgegriffen werden.

Manchmal empfiehlt es sich aber auch eine Pause einzulegen, wenn unser Pferd sich widersetzt, um sich emphatisch in es hinein zu fühlen. Wir sollten darüber nachdenken, wie wir unsere Fragestellung an unser Pferd so verändern können, dass es uns versteht. Auch sollten wir den Anspruch an uns selbst haben, ein Gefühl dafür zu entwickeln, wo die Grenze unseres Pferdes ist und diese zu respektieren lernen. Dennoch können wir innerlich von dem Nutzen der ursprünglich gestellten Aufgabe überzeugt bleiben. Es geht vielmehr darum, unserem Pferd diese vertrauensvoll näher zu bringen. Gleichzeitig ist es entscheidend, dass wir unsere Wahrnehmung dafür verfeinern, wann unser Pferd auch nur den Hauch eines Versuches in die richtige Richtung vollzieht, um es unmittelbar zu belohnen.

Das Ziel jeder Ausbildung ist immer aus einem untrainierten Pferd einen sicheren Partner für den Menschen hervorzubringen. Das gemeinsame Trainieren verschiedener Bodenübungen befähigt den Menschen die Reaktionen und Verhaltensweisen seines Pferdes korrekt einzuschätzen, sein Timing zu verbessern und in angemessener Weise auf sein Pferd einzugehen. Ein Patentrezept für dieses ehrgeizige Vorgehen wäre wünschenswert – ist aber, basierend auf der Vielzahl der denkbaren Reaktionen des Pferdes und des Besitzers, leider unrealistisch. Ein bisschen Kreativität und Gestaltungsmut kann manchmal angebracht sein.

Chagal, Araber-Mix (7) mit Zoey & Julia
©Julia Achberger

Festgefahrene Regeln und in Stein gemeißelte Methoden sollten nicht existieren. Die Wege zum Ziel sind meist vielfältig und abhängig von der Pferdepersönlichkeit. So originell unsere Pferde gelegentlich sind, so individuell darf auch der bislang unbekannte Weg sein.

Die Kunst im Umgang mit Pferden ist es, das jeweilige Pferd ganzheitlich zu erfassen und die geeignete Antwort auf dessen Verhalten zu finden. Fehler zu machen, gehört zum Lernen dazu, und wir sollten uns auch selbst im Umgang mit Pferden Misserfolge erlauben. Unsere Pferde sind nachsichtiger, als wir es manchmal zu uns selbst sind, und erfassen sehr genau, wenn wir unser Bestmögliches geben. Wir sollten lernen, unserer Intuition zu vertrauen, und weniger auf die Ansichten anderer hören – dann führt der Weg auch meist ans Ziel.

> *„Immer wenn man die Meinung der Mehrheit teilt,*
> *ist es Zeit, sich zu besinnen." (Mark Twain)*

Ziele der Bodenarbeit

► Unser Pferd soll erwünschte Verhaltensweisen erlernen und verinnerlichen, damit sie jederzeit abrufbar sind.

► Wir müssen angemessene Wege für unser Pferd finden, damit es bestmöglich lernen kann.

► Nur durch die Freude an der gemeinsamen Arbeit erzielen wir langfristige Ergebnisse.

Nur zehn Minuten tägliche Bodenarbeit hat das Potenzial zu großen Veränderungen. Ziel ist es, alle drei Bereiche des Pferdekörpers (Kopf/Hals – Vorhand/Schulter – Hinterhand) kontrollieren zu können.

„Wenn du nicht magst, was dein Pferd macht,
dann denk darüber nach,
was du am Training ändern kannst."
(Buck Brannaman)

Ronny, American Indian Horse (5) & Gisela
©Gisela Handlbauer

Voraussetzungen für wirksame Bodenarbeit

▶ Sicherheit für alle Beteiligten muss das oberste Gebot sein.

▶ Zu Beginn der Arbeit darf das Pferd sich austoben, damit es sich lösen und in der Folge konzentrieren kann.

▶ Jede Aufgabe wird auf beiden Händen geübt.

▶ Dem Pferd sollte immer genügend Raum gelassen werden.

▶ Fehlversuche des Pferdes sollten ignoriert werden.

▶ Jeder kleine Fortschritt wird hingegen ausgiebig gelobt.

▶ Die Freude bei der Arbeit für Pferd und Mensch sollte zu jeder Zeit vordergründig sein.

Die Bodenarbeit schafft für die Auseinandersetzung mit dem Individuum Pferd und für den Vertrauensaufbau fundamentale Voraussetzungen und ist geeignet, „Probleme" zu korrigieren. Sie hat einen häufig unterschätzten therapeutischen Wert.

Pferde „einfangen"

Bei vielen Reitern fangen die Schwierigkeiten mit ihrem Pferd bereits an, wenn sie sich diesem nur nähern wollen. Unabhängig davon, ob sich das Pferd auf der Weide oder in der Box befindet, versucht der Mensch Kontakt aufzunehmen, präsentiert das Pferd seine Kehrseite und dokumentiert anschaulich:

Geh weg! Ich will nicht mit dir arbeiten!

So gerne der Mensch in dieser Situation die Schuld beim „unfähigen und gemeinen" Pferd sehen möchte, so wenig entspricht diese Interpretation der Realität. Tatsächlich zeigen Pferde sehr deutlich und unmissverständlich, wenn sie sich nicht über den Besuch ihres Menschen freuen – und das hat Gründe.

Verbindet ein Pferd vorwiegend Negatives mit dem Erscheinen seines Reiters, so bekundet es dies erkennbar durch sein abweisendes Verhalten. Wer von seinem Pferd derart ablehnend „begrüßt" wird, ist schnell dazu geneigt, seinem Unmut darüber Luft zu machen, indem das Pferd verfolgt und ihm das Halfter schnell übergestülpt wird. In der Box mag dieses Vorhaben grundsätzlich noch umsetzbar sein. Auf der Weide hingegen beginnt nicht selten eine anstrengende Verfolgungsjagd, die mit einem entnervten Menschen mit Schnappatmung endet, während das Pferd fröhlich weiter über die Koppel läuft. Grundsätzlich gilt: Wir sollten unser Pferd weder erfolgreich ausweichen lassen noch ihm hinterherlaufen. Besser ist es, wenn wir ihm beibringen, dass es Vorteile hat, wenn es freiwillig zu uns kommt. Wir sollten es auffordern, sich uns zuzuwenden. Weigert es sich, so ist es hilfreich, wenn wir ihm das Umdrehen unbehaglich machen, indem wir einen Strick schwingen, sobald es sich von uns abwendet. Die Intensität und der ausgeübte Druck auf das Pferd sind von dessen Sensibilität und Wesen abhängig zu machen. Ausmaß und Wirkungsstärke unseres Verhaltens werden beharrlich erhöht, bis unser Pferd eine erwünschte Reaktion zeigt.

Die Schritte im Einzelnen:

► Friedlich und unbefangen gehen wir mit einem sicheren Schritt auf die Herde zu.

► Versucht unser Pferd uns auszuweichen, nähern wir uns ihm dennoch gelassen weiter.

► Sobald unser Pferd in unsere Richtung blickt, wird jeder Druck auf ein Minimum reduziert und wir entfernen uns um einige Schritte.

► Bewegt es sich auf uns zu (auch nur tendenziell) wird dieses Verhalten unmittelbar belohnt, indem wir ihm Raum geben.

Unser Pferd sollten wir bei diesem gesamten Vorgang sehr genau beobachten und unter keinen Umständen Angst oder Flucht durch Bedrängnis auslösen. Auch sollten wir vermeiden, es so in die Ecke zu drängen, dass es den Eindruck bekommt, sich verteidigen zu müssen. Das Ziel ist, dass unser Pferd lernt, sich uns freiwillig zu nähern. Jeder Schritt in die gewünschte Richtung muss belohnt werden. Pferde lernen uns zu verstehen, wenn wir zum richtigen Zeitpunkt den Druck minimieren, eine Pause einlegen oder über die Stimme loben.

Verlagert das Pferd erstmalig sein Gewicht in unsere Richtung, dann sollten wir es nicht weiter bedrängen, sondern ihm auch gestatten, sich uns aus eigenem Antrieb zu nähern. Gehen wir weiter auf das Pferd zu, kann dies Unsicherheit und Rückzug auslösen, da wir uns wie Raubtiere verhalten. Geduld und Einfühlungsvermögen sind der Schlüssel zu einem willigen Partner Pferd. Es kann also einige Zeit in Anspruch nehmen, bis unser Pferd Vertrauen gefasst hat. Dieser Weg lohnt sich aber immer.

Berührungen zulassen

Wer sein Pferd nicht mehr „einfangen" muss, sondern ihm erfolgreich vermittelt hat, dass es freiwillig kommt, sollte das Vertrauen des Pferdes weiter aufbauen und stärken. Dies können wir erreichen, wenn wir mit unserem Pferd gemeinsam daran arbeiten, dass es sich Berührungen gefallen lässt. Über dieses Miteinander lernt auch der Mensch sein Pferd in dessen Reaktionen besser einzuschätzen.

Die Körperarbeit beginnt zunächst an einem Bereich, an dem sich unser Pferd gerne anfassen lässt. Ziel des bewussten Kontaktes zwischen Mensch und Pferd ist die Bereitschaft des Pferdes, Berührungen zu erlauben. Diese müssen nicht gleich am ersten Übungstag am gesamten Pferdekörper möglich sein. Vertrauen baut sich langsam und nur über Beständigkeit auf. Allerdings sollten wir im Sinne der Effektivität unseres Trainings zeitnah kleine Fortschritte feststellen.

Vornehmlich geht es darum, dass unser Pferd keinerlei Zwang erfährt. Wer Freiwilligkeit für Handeln voraussetzt, kann diese nicht durch Bedrängen erreichen. Wenn unser Pferd unserer Hand also ausweicht, dann lassen wir zu, dass es sich einige Schritte entfernt. Wollen wir unserem Pferd Raum geben, so sollten wir es anfangs auch für diese Übung nicht anbinden.

Beinahe alle Pferde weisen äußerst empfindliche Körperregionen auf, die sie durch Weichen und Gegenwehr zu schützen versuchen. Berührungen lehnen sie an diesen Stellen meist ab und wollen sich denselben durch Flucht entziehen. Unsichere und ängstliche Pferde haben verstärkt „Problemzonen". Berührungen an diesen zu vermeiden, intensiviert den Widerstand des Pferdes nur.

Wir müssen uns also einfühlend und schrittweise den schwierigen Körperregionen nähern. Für seine Mitarbeit loben wir unser Pferd ausgiebig mit der Stimme und mit kleineren Pausen. Das schafft Vertrauen und entlastet unser Pferd von kurzzeitigem Stress.

Manchmal lehnen Pferde insgesamt jede Berührung des Menschen ab und machen dies auch unmissverständlich durch gezielte Tritte deutlich. Auch hier gilt wie immer: Sicherheit geht vor – aber Aufgeben zählt nicht!

Ist die Annäherung an das Pferd mit der Hand vorerst zu gefährlich, so bedienen wir uns eines Hilfsmittels. Ein „verlängerter Arm" (z. B. eine Gerte oder ein Strick/Rope) ermöglicht so lange ein behutsames Annähern, bis das Pferd dies anstandslos erlaubt und eine Gewöhnung eingesetzt hat. Erst dann können wir langsam dazu übergehen, wieder mit der Hand Kontakt zum Pferd aufzubauen.

Die Vorgehensweise für die Körperarbeit:

▶ Eine problematische Körperregion des Pferdes wird mit einem Hilfsmittel behutsam berührt.

▶ Versucht das Pferd auszuweichen, lassen wir dies in einem abgesteckten Rahmen zu, wobei die Berührungen anhalten.

▶ Bleibt das Pferd stehen und erlaubt den Kontakt, erfolgt unmittelbar eine Pause bzw. ein stimmliches Lob.

▶ Beständig wird der Körperkontakt auf alle weiteren Bereiche des Pferdekörpers ausgedehnt, bis es sich an allen Stellen anfassen lässt.

Für den gesamten Prozess ist es hilfreich, wenn wir das Lerntempo unseres Pferdes berücksichtigen und darüber hinaus dessen bevorzugte Körperregionen kennen und wiederholt mit einbeziehen. Das schafft Vertrauen und wir zeigen uns als verlässliche Partner. Nach korrekter und einfühlsamer Handhabe lassen sich erfahrungsgemäß selbst sehr ängstliche und als „schwierig" geltende Pferde problemlos überall berühren. Der alltägliche Umgang ist nun deutlich vereinfacht und läuft insgesamt harmonischer ab.

Die laterale Flexibilität fördern

Um die Nachgiebigkeit im Hals unseres Pferdes zu verbessern, muss es zunächst lernen, auf Druck nicht mit Gegendruck zu antworten. Dazu bringen wir unserem Pferd bei, dass es seinen Hals auf ein leichtes Signal hin umwendet, wobei sich die Füße hierbei nicht bewegen. Ziel der Übung ist, dass unser Pferd den ausgeübten Druck und das entsprechende Signal akzeptiert und willig nachgibt.

Wir stellen uns auf Höhe der Pferdeschulter und üben seitlich mäßigen Druck auf den Strick aus. Wendet das Pferd erstmalig den Hals etwas um, belohnen wir es sodann. Schrittweise erhöhen wir den

Druck so lange, bis unser Pferd verstanden hat, dass es seinen Kopf ohne Druck auf den Führstrick vollständig umwenden soll. Gibt das Pferd willig nach, ohne seine Füße zu bewegen, so muss auch der Mensch sofort den Druck reduzieren und nachgeben.

Die Übung sollte am Boden von beiden Seiten trainiert werden. Auch unter dem Sattel wird sich unser Pferd besser stellen und biegen lassen.

Vorhand- und Hinterhandwendung

Die Verschiebung der Hinterhand (*Vorhandwendung*) am Boden ermöglicht uns auch beim Reiten unser Pferd deutlich besser zu kontrollieren. Wer keinen Einfluss auf die Hinterhand seines Pferdes hat, der kann auch keine Seitengänge reiten oder eine einwandfreie Versammlung herstellen.

Bei der Vorhandwendung soll unser Pferd am kurzen Strick auf der Vorhand stehen bleiben, während zugleich die Hinterbeine kreuzen. Hierzu stehen wir auf Schulterhöhe unseres Pferdes, wenden den Kopf des Pferdes uns zugeneigt und wedeln mit dem Strickende in Richtung Hinterhand, damit diese weicht. Manchmal reicht das Schwingen eines Seils nicht aus, sodass wir unsere Körpersprache einsetzen müssen, damit unser Pferd die Signale besser versteht. Damit es begreift, dass es mit dem inneren Hinterbein tief unter den Schwerpunkt treten soll, können wir direkt mit den Augen auf die Hinterhand schauen und bestimmt auf diese zugehen. Die Hinterhand des Pferdes wird auf diese Weise noch deutlicher aufgefordert zur Seite zu treten, wobei das Pferd weiter korrekt in der Bewegung bleibt.

Wer die Hinterhand seines Pferdes gut kontrollieren kann, sollte in einem weiteren Schritt dazu übergehen, gezielt die Schulter seines Pferdes zu beeinflussen. Bei der Verschiebung der Vorhand (*Hinter-*

handwendung) soll unser Pferd mit der Schulter weichen, indem es sich um die Hinterhand wendet. Da viele Pferde ihren Menschen in alltäglichen Situationen (z. B. beim Führen) wegdrücken, ist diese Übung sehr hilfreich, dem Pferd beizubringen unseren Individualabstand zu respektieren.

Zunächst bringen wir den Kopf unseres Pferdes in die Richtung, in die es gehen soll. Nur auf diese Weise kann auch der restliche Körper folgen. Gleichzeitig sorgt der schwingende Strick auf Schulterhöhe dafür, dass unser Pferd ausweicht. Damit auch die Vorhand weicht und sich nicht die Hinterbeine bewegen, lassen wir unser Pferd anfangs einen kleinen Schritt rückwärts treten, um eine Gewichtsverlagerung auf die Hinterhand zu erzielen.

Die Verschiebung gelingt, wenn sich die Vorderhand unseres Pferdes in die gewünschte Richtung bewegt, wobei das äußere Vorderbein über das innere tritt.

Rückwärtsrichten

Durch das Rückwärtsgehen tritt zeitnah bei unserem Pferd eine Verbesserung der Aufmerksamkeitsspanne ein. Auch der Gleichgewichtssinn unseres Vierbeiners wird hervorragend trainiert. Zudem lernt der Mensch sein Pferd besser zu beobachten und auf kleinere Signale effektiver zu reagieren bzw. zu antworten. Das Zusammenspiel von Mensch und Pferd wird insgesamt harmonischer, da das Rückwärtsrichten als „Beschäftigungsmaßnahme" auch in Stresssituationen wieder Entspannung und Ruhe eintreten lässt.

Spätestens beim Verlassen des Hängers muss unser Pferd in der Lage sein, besonnen und im Gleichgewicht rückwärtszugehen.

Im Training beginnen wir damit, dass wir uns seitlich vor unserem Pferd positionieren und uns ihm zuwenden. Sukzessive wird der

Druck auf das Halfter erhöht. Reagiert unser Pferd hierauf nicht ausreichend, können wir es mit einer Gerte oder den Fingerspitzen sanft an der Brust (oberhalb des Buggelenks) antippen.

Ziel ist es, das unser Pferd dem Druck nachgibt. Es gilt auszuprobieren, auf welche Hilfestellung bzw. welches Signal hin es das erwünschte Verhalten zeigt. Massiver Druck erzeugt ggf. einen Widerstand, der sich in Steigen oder dem Versuch wegzulaufen äußert. Bei zu wenig Druck riskieren wir, dass das Pferd nicht begreift, was wir von ihm wollen.

Verlagert unser Pferd sein Gewicht nach hinten, belohnen wir es unmittelbar dafür. Im nächsten Schritt sollte es bereits mit einem Bein zurücktreten, damit eine Belohnung folgt. Der Zweck der Übung ist ein Pferd, das willig mit tiefem Kopf auf feinen Druck hin mehrere Schritte zurückgeht.

Für eine längere Strecke, die rückwärtsgegangen werden soll, stellen wir uns frontal vor unser Pferd und schütteln den Strick so lange, bis es nachgiebig in die vorgegebene Richtung läuft. Das Seil wird sofort ruhig gehalten, zeigt das Pferd richtiges Verhalten. Häufig nehmen Pferde anfangs den Kopf hoch, bevor sie korrekt weichen. Umso häufiger die Übung wiederholt wird, desto schneller begreifen sie aber, was von ihnen verlangt wird, und werden immer ruhiger und entspannter. Gemäß wird auch die Kopfhaltung tiefer und gelöster.

Seitwärts treten

Diese Übung eignet sich hervorragend, um die Koordination und die Körperwahrnehmung unseres Pferdes zu schulen. Seitwärts gehen macht es gelöster, geschmeidiger und fördert zudem die Balance von Mensch und Pferd. Darüber hinaus lernt unser Pferd konzentrierter und aufmerksamer zuzuhören, während es beschäftigt ist und Stress bzw. Spannungszustände besser abbauen kann.

Ähnlich wie bei allen anderen aufgeführten Übungen gehen wir schrittweise vor und belohnen auch kleinste Tendenzen in die gewollte Richtung. Unser Pferd stellen wir zunächst mit dem Kopf zur Bande oder einer anderen Begrenzung. Wir stehen rechts vom Pferd, wobei unsere linke Hand eine Gerte oder einen Strick zum Pferderumpf hält. Sowohl Kopf als auch Rumpf sollten das Signal zum seitlichen Übertreten empfangen. Anfangs sollten wir uns mit zwei bis drei Schritten zufriedengeben und unser Pferd zur Entlastung eine Runde auf der linken Hand führen, bevor die Übung wiederholt wird.

Mit der Zeit sollte das Pferd fähig sein in einer flüssigen Bewegung in beide Richtungen seitwärtszutreten.

Für manche Pferde ist das seitliche Übertreten aus der Bewegung heraus leichter zu lernen als aus dem Stand. Hierzu können wir unser Pferd in einer Schlangenlinie nach außen führen, um es sodann wieder nach innen zu holen und dabei mit der Hinterhand übertreten lassen.

Leider verhindern viele Menschen ungewollt das Übertreten ihres Pferdes durch ihre falsche bzw. angespannte Körperhaltung. Wir sollten unserem Pferd energisch, entschlossen und gerade aufgerichtet begegnen. Ein großer körperlicher Krafteinsatz ist hingegen nicht nötig und irritiert unser Pferd nur.

Da es vielen Pferden schwerfällt, mit ihrem gewohnten Standbein zu überkreuzen, sollten wir die entsprechende Schulter vor Beginn der Übung durch Schlangenlinien und Stangenarbeit lösen.

Auch der Mensch lernt durch diese Übung den Körper des Pferdes besser einzuschätzen, da Pferde sehr gezielt durch ihr Verhalten spiegeln, ob wir uns selbst korrekt positioniert haben. Damit das Pferd seitwärts geht, muss der „Führende" den Pferdekörper genau beobachten und entsprechend mit seinen Hilfen reagieren.

Grundsätzliches zur Bodenarbeit

Die Bodenarbeit ist ein sehr effektives Mittel, die Beziehung zu unserem Pferd zu stärken. Viele Übungen eignen sich hervorragend dazu, dass wir unser Pferd mit dessen körperlichen Voraussetzungen (und ggf. Einschränkungen) besser verstehen lernen.

Wir sollten uns aber bei allen Bemühungen immer darüber bewusst sein, dass jedes Pferd nur dann auf Hilfen und Signale adäquat reagieren kann, wenn es sich sowohl mit seinem Menschen als auch mit seiner Umgebung im Einklang befindet.

Motivation, Lerneifer und Leistungsbereitschaft zeigen nur zufriedene Pferde. Dafür müssen sie auf sozialer, psychischer und physischer Ebene ausgeglichen sein. Wenn basierend auf fehlerhaften Haltungsbedingungen Unarten wie Weben, Koppen, Schreckhaftigkeit oder erlernte Hilflosigkeit entstehen, können diese nicht durch Trainingseinheiten am Boden korrigiert werden. Zunächst müssen die Fehler in der Haltung behoben werden. Den Bedürfnissen des uns anvertrauten Lebewesens müssen wir zu jeder Zeit schon aus ethischen Gründen gerecht werden. Auch für die Bodenarbeit gilt: Gründet die Beschäftigung mit unserem Pferd auf Einfühlungsvermögen, Vertrauensaufbau und Beziehungsstärkung, gelingt neben dem Reiten auch die Arbeit am Boden und mündet in einem glücklichen Zusammenspiel von Mensch und Pferd.

Hierfür sollten wir immer die vier Grundmuster in der natürlichen Bewegung unseres Pferdes berücksichtigen:

1) **Überholverbot**: Einem rangniederen Pferd ist es grundsätzlich untersagt, ein ranghöheres Tier zu überholen. Eher darf es direkt hinter dem ranghohen Herdenmitglied laufen oder auch schräg versetzt mit seinem Kopf in Höhe dessen Schulter. Wagt es sich hingegen unerlaubt weiter vor, riskiert es einen Angriff.

2) **Folgeverhalten**: Rangniedere Pferde folgen bei Gefahr bzw. in Fluchtsituationen bedingungslos und unaufgefordert dem ranghöheren Pferd. Das ranghöhere Tier übt immer eine Schutzfunktion aus. Im Rang höher stehende Pferde geben also die Bewegungsrichtung vor.

3) **Treibfunktion**: Der Leithengst ist berechtigt, jedes andere Tier der Herde zu jedem Zeitpunkt von hinten und von der Seite zu treiben.

4) **Kooperation**: Leithengst und Leitstute existieren konkurrenzlos nebeneinander. Sie übernehmen unterschiedliche Aufgaben.

Diese angeführten Grundmuster sollten wir für die Arbeit am Boden und für den alltäglichen Umgang mit unserem Partner Pferd nutzen. Nicht selten setzen Pferde das Gewünschte unter dem Sattel zwar anstandslos um, sobald der Reiter aber absteigt, zeigt der Vierbeiner dann respektloses Verhalten und reagiert unverschämt oder gar nicht mehr. Dieses „Phänomen" erklärt sich dadurch, dass ein auf dem Pferd sitzender Reiter den treibenden Leithengst imitiert. Wir sollten aber auch vom Boden aus eine anerkannte Autorität verkörpern. Der Umgang wird leichter und unser Pferd wird uns auch in schwierigen Situationen gemäß seinem Instinkt vertrauensvoll folgen. Bodenarbeit ist also für den Beziehungsaufbau notwendig und stärkt das Vertrauensverhältnis – auch wenn wir ggf. zeitweise auf das ausgedehnte Vergnügen des Reitens verzichten müssen.

Fuego, Spanier (6) & Marina
©Marina Weigelt

▶ Der Mensch muss bei Problemen mit dem Pferd bereit sein, mitzuarbeiten.

▶ Die Intensität des Trainings ist immer abhängig von der Sensibilität des Pferdes.

▶ Zunächst wird mit ganz sanftem Druck gearbeitet, um diesen in seiner Wirkungsstärke schrittweise zu steigern.

▶ Viele sog. Unarten von Pferden lassen sich durch ein regelmäßiges Training verbessern oder sogar beheben.

▶ Bodenarbeit ist das Fundament für alles, was wir später mit unserem Pferd erreichen oder von ihm verlangen wollen.

▶ Alle Ausbildung von Pferden bewegt sich zwischen zwei Polen.

▶ Jedes Training sollte stets einen intensiven Gesprächscharakter aufweisen.

▶ Bodenarbeit hat das Potenzial zu großen Veränderungen.

▶ Ziel ist es, alle drei Bereiche des Pferdekörpers (Kopf/Hals – Vorhand/Schulter – Hinterhand) zu kontrollieren.

▶ Motivation, Lerneifer und Leistungsbereitschaft zeigen nur zufriedene Pferde.

„Das Äußere eines Pferdes hat etwas an sich,
was dem Inneren eines Menschen wohltut. "
(Winston Churchill)

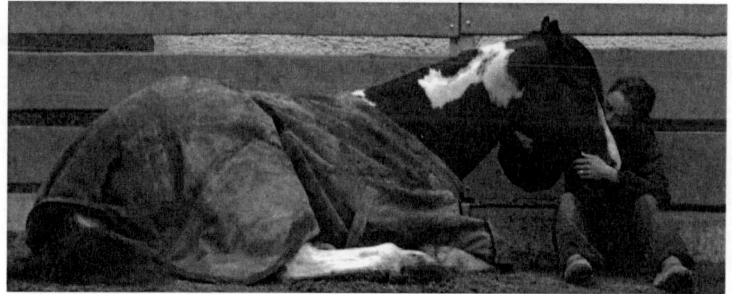

Heza Big Gunner, Paint Horse-Hengst (6) & Claudia Hirsch
©Gerhard Hirsch & www.sunnys-ranch.de

One Roan Gun, QH-Wallach & Melanie Fleig (links)
Great Pine Rooster, QH-Hengst & Chantal Kuhn (rechts)
©www.lya-seestern.com

Two And A Half Gun (Charly), QH & Paint-Hengst (1) & Melanie Fleig
©www.lya-seestern.com

Abschlussgedanken

Auf dem Weg zur vertrauensvollen Partnerschaft

*„Pferde tragen die Geschichte der Menschheit
auf ihrem starken Rücken."
(Lucinda Prior Palmer)*

Durch ihre Bewegungen vermitteln Pferde ungefiltert ihre Gefühlswelt. Beobachten wir ihre Körpersprache, können wir auf ihre aktuellen Emotionen schließen. Jeder, der mit Pferden umgeht, sollte sie so bewegen und reiten, dass sie sich wohlfühlen. Wir Menschen haben die Verantwortung in der Beziehung zu unserem Pferd. Entsprechend dieser Grundhaltung sollten wir die Ausbildung und das Reiten als ein angenehmes Erlebnis für unser Pferd gestalten. Als Reiter ist es also wichtig, einen Partner für unser Pferd zu verkörpern und Abstand zu nehmen von jedem erniedrigenden Dominieren. Anstatt die Rolle eines anmaßenden Raubtieres einzunehmen, sollten wir eine vertrauensvolle Beziehung anstreben und aufbauen.

Hierfür müssen wir uns unbedingt jederzeit bewusst sein, dass Emotionen, Instinkte, Körperwahrnehmung und die Bewegungen unseres Pferdes eng miteinander verknüpft sind. Für uns Menschen gilt diese Verbindung zwischen Gefühl und Körperwahrnehmung ebenso. Aus genau diesem Grund hilft auch das (therapeutische) Reiten, einen Zugang zu unbewussten Gefühlen herzustellen. Unterdrückte (Körper-)Erinnerungen gelangen durch das Zusammensein mit dem Pferd und durch die gemeinsame körperliche Bewegung an die „Oberfläche". Die Bewusstwerdung unbearbeiteter Emotionen ermöglicht eine heilsame Verbindung zu sich selbst zu erfahren. In der Folge verändert sich eine versperrte und gebückte bzw. gedemütigte Haltung hin zu einer offenen und zugänglichen Körperstellung. Auch geistige und körperliche Aktivitäten erfahren eine deutliche Verbesserung.

So sehr ein einfühlsamer Blick die negativen Befindlichkeiten eines anderen Menschen erfassen kann, so einfach gelingt dies – Verantwortungsbewusstsein vorausgesetzt – auch beim Pferd. Während einige Pferde mit sich, ihrer Umwelt und ihrem Reiter im Einklang sind, zeigen sich viele andere Pferde depressiv, verunsichert, abgestumpft und übermäßig hilflos. Da Pferde immer ehrlich offenbaren, wie sie sich fühlen, ist ihre aktuelle Befindlichkeit noch viel ersichtlicher als die eines Menschen. Während Menschen sich gegenseitig täuschen und belügen können, gelingt dies Pferden nicht. Entspannung, Gelassenheit, Unglück oder Aufregung zeigen Pferde stets direkt durch ihre Körperhaltung und ihren Ausdruck.

Wie ein Pferd geritten wird, ist maßgeblich entscheidend für das emotionale Erleben. An den Bewegungen unseres Pferdes können wir dessen Gefühlszustand ablesen. Jede unnatürliche Haltung, die dem Pferd abverlangt wird, hat das Potenzial, es psychisch und physisch zu gefährden. Auf Unterwerfung abzielende gezwungene Körperhaltungen lösen bei Pferden immer instinktiv negative Assoziationen aus. Notwendigerweise fühlen sie sich beherrscht, verängstigt und unglücklich. Es ist also die Aufgabe des Reiters, das Gerittenwerden für sein Pferd zu einer positiven und angenehmen Erfahrung werden zu lassen.

Leider sind viele Reiter aber gar nicht fähig, die Bewegungen und die Körpersprache ihres Pferdes zu deuten. Es fehlt ihnen sowohl an Interesse als auch an dem nötigen Wissen, sich emotional auf ihr Pferd einzulassen. Primär kommen sie in den Stall, um zu reiten und das „herrliche Gefühl des Getragenwerdens" zu erleben. Verantwortung für das Tier übernehmen sie häufig ungern oder sind nicht in der Lage dazu, weil sie es nie gelernt haben. Nicht zuletzt ist dieser

unglückliche Missstand darauf zurückzuführen, dass besonders uner-
fahrene Reiter überhaupt nicht wissen, wie ein glückliches Pferd
eigentlich aussieht. Meist ist auch niemand zugegen, der es ihnen
darlegen und erklären könnte. In vielen Reitschulen geht es aus zeitlichen und finanziellen Gründen vornehmlich um das Reiten in der
Kolonne und weniger um das Wohlbefinden der einzelnen Tiere.
Beinahe täglich sehen (angehende) Reiter zudem in der Presse und
den sozialen Netzwerken Bilder von gestressten und angespannten
Pferden, die ihnen als zufriedene Vierbeiner verkauft werden.

Leider haben überdies gerade Reitschüler wenig Gelegenheit, Pferde
in deren natürlicher Umgebung zu beobachten, um ein Gefühl für
Herden-, Instinkt- und Sozialverhalten zu entwickeln. Wer nur in den
Stall zum Reiten kommt und das Pferd aus der Box zum Putzplatz
führt, der hat keinerlei Vorstellung von den vielseitigen Ausdrucks-
möglichkeiten, zu denen ein Pferd fähig ist. Ein Beziehungsaufbau
bleibt hier zwangsläufig aus – auch dann, wenn vonseiten des Menschen ein inniger Wunsch zu einer engen Beziehung vorhanden ist.
Fußt dieses Beziehungsverlangen auf falschen Vorstellungen und
Übertragungen des eigenen psychischen Zustands, bleibt die aufrich-
tige und ehrliche Partnerschaft zum Pferd ein Traum.

Es wird zu häufig übersehen, wenn Pferde angstvoll die Augen ver-
drehen, angespannt mit dem Schweif schlagen, hektisch atmen oder
unnatürlich viel schwitzen. Zahlreich werden diese Symptome sogar
mit Unmut und Dominanzversuchen des Pferdes verwechselt und
folglich bestraft. Auch werden nicht selten erstarrte und verschlosse-
ne Pferde, die aufgrund von Fehlbehandlungen völlig resigniert haben, als brave und gelassene Vierbeiner gesehen. Dass diese Pferde
jeden Kommunikationsversuch aus Selbstschutz vermeiden und sich
nur noch unterordnen, wird billigend in Kauf genommen.

Dieses verdrehte Bild vom genügsamen Pferd betrifft bei Weitem nicht nur Reitanfänger. Auch vielen Richtern und Reitsportlern scheint der Blick für die Reinheit der Gänge und die natürliche Körperhaltung abhanden gekommen zu sein. Verzweifelte Stressanzeichen beim Pferd haben nichts mit Temperament und Fröhlichkeit gemein. Dagegen sind es häufig die „Unwissenden", also Menschen, die wenig Kontakt zu Pferden haben und meist auch nicht reiten, die über eine natürliche und unverfälschte Intuition für die Körperhaltung des Pferdes verfügen. Da sie in keiner Weise negativ beeinflusst wurden und zudem keinerlei Leistungsanspruch an sich selbst oder ein Pferd stellen, haben sie ein instinktives Verstehen für die Emotionen des Pferdes. Besonders Kinder erkennen unglückliche Pferde sofort. Sie können zwar häufig nicht definieren, warum sie ein Pferd als „krank" oder „traurig" erleben, behalten mit ihrer Einschätzung aber Recht.

Für das Wohlbefinden des Pferdes in dessen Bewegungsabläufen zu sorgen, muss die bedeutsamste Aufgabe des verantwortungsvollen Reiters sein. Wir sollten also zwingend vermeiden, unser Pferd beispielsweise durch einen fehlerhaften Sitz zu blockieren, und darüber hinaus darauf achten, dass es genügend Sicht hat und frei atmen kann. Ansonsten kann sich der Partner Pferd in seinen Bewegungen beim Reiten unmöglich wohlfühlen. Pferde, die sich beim Reiten widerwillig zeigen und ihrem Menschen nicht aufmerksam folgen, haben Gründe für ihr Verhalten. Der gewissenhafte Pferdebesitzer setzt sich bei derartigen Anzeichen seines Pferdes zunächst kritisch mit den eigenen Kommunikationsstrategien bzw. Reithilfen auseinander.

Wollen wir eine harmonische Partnerschaft mit unserem Pferd aufbauen, müssen wir das (rein menschliche) Dilemma zwischen Zwang
und Unabhängigkeit reflektieren. Damit ein Kontrollbedürfnis nicht
zu übermächtig wird, sollten wir uns differenziert mit den Bedürfnissen unseres Pferdes und weniger mit den eigenen unerfüllten Wünschen auseinandersetzen.

Haltungsbedingungen, Trainingsweise, Reitmethode und Umgang
müssen artgerecht sein. Die Signale, die unser Pferd sendet, sollten
wir lernen zu verstehen und korrekt zu deuten, damit wir zukünftig
Verbesserungen in mangelhaften Bereichen anstreben und umsetzen
können. Lernen wir vom Pferd, so erkennen wir auch uns selbst
besser. Dieses Vorhaben ist alleine durch das Beobachten beim Reiten und bei der Arbeit nicht umsetzbar. Wir sollten uns auch ganz
bewusst Zeit für unser Pferd während dessen Entspannungsphase
nehmen. In der Gruppe freilaufende Pferde kommunizieren unentwegt und verraten viel über ihre derzeitigen Gefühle und ihren aktuellen körperlichen Zustand. Zunächst können die Hinweise auf Probleme sehr dezent sein, sollten aber Beachtung finden, um das Training zu reflektieren und an die Bedürfnisse unseres Pferdes anzupassen.

Pferde offenbaren sehr deutlich, ob sie von einer Aufgabe begeistert
sind oder nicht, wobei dies je nach individueller Persönlichkeitsstruktur variieren kann. Zur Beziehungsförderung eignen sich be-
queme Schrittausritte mit ausgedehnten Pausen, viel Körperkontakt
gepaart mit arttypischem Kratzen und Kraulen sowie intensive Bodenarbeit und gemeinsames Spazierengehen.

Auch kann es Pferden viel Freude bereiten, wenn auf ihre spezifischen Vorlieben im Training eingegangen wird. So zeigen sie außer-
ordentlichen Stolz und Zufriedenheit, wenn ein Ziel im Training
gemeinsam erreicht wurde und sich Verbesserungen einstellen. Ver-

eintes Lernen hat eine motivationale Komponente und erzeugt kollektiven Spaß an der Arbeit. Leistungswille in Verbindung mit Wohlgefühl stellt sich bei Pferden vor allem durch einen harmonischen und wertschätzenden Umgang ein.

„Ich bemühe mich, mein Bestes zu geben, damit die Pferde in ihrer
Sanftmut wohl über mich urteilen und damit Harmonie walte,
getragen vom Einvernehmen zwischen zwei Lebewesen. "
(Nuno Oliveira)

Am gemeinsamen Handeln und Wirken haben Pferde selbst dann Spaß, wenn die Aktion sie Mühe kostet. Höchstleistungen schließen Entspannung, Gleichgewicht und Zufriedenheit des Pferdes nicht aus. Grundvoraussetzung hierfür ist aber ein menschlicher Partner, der ihnen und ihren Bedürfnissen mit Achtung und Respekt begegnet. Unter diesen Bedingungen sind Pferde sofort bereit, sich auf ihr Gegenüber und dessen Ideen offen einzulassen.

Pferde spüren instinktiv alle Gefühle, die wir Menschen hegen. Auch unseren tatsächlichen Willen und unsere (ggf. sozial unverträgliche) Meinung bzw. Einstellung über eine Situation oder ein anderes Individuum nehmen sie unvermittelt wahr – selbst dann, wenn wir uns über unsere verborgenen Gedanken und Emotionen selbst noch gar nicht im Klaren sind. Pferde erfühlen Aggressionen, Ängste, Dominanzansprüche aber auch Gelöstheit, Sicherheit und gänzliche Zuneigung. Diese Fähigkeit ist kein Hindernis, sondern eine Chance für alle, die mit Pferden umgehen wollen. Da Pferde unsere verborgenen Empfindungen in ihrem Verhalten spiegeln, ist die Mensch-Pferd-Beziehung nicht selten gestört und belastet. Signale des Pferdes werden negativ gedeutet und missverstanden. Es beginnt eine ungünstige Spirale, die vielfach im „Scheitern" der Partnerschaft endet.

Um dies zu verhindern, können wir an unserer Grundeinstellung zum Pferd arbeiten. Wir sollten uns auch in Konfliktsituationen immer wieder verdeutlichen, was Pferde von Natur aus vorrangig wollen: Ein harmonisches und ausgeglichenes Leben, das durch ein soziales Miteinander geprägt ist.

Konflikte und Probleme mit dem Pferd haben ihren Ursprung (so ungern dies auch gehört oder gelesen wird) immer bei uns selbst. Meistens liegt der „Fehler" in der Vermenschlichung des Pferdes. Ihm werden wegen seines scheinbar unergründlichen Verhaltens Motive zugeschrieben, zu denen ausschließlich der Mensch fähig ist. Übertragungen oder Verlagerungen eigener innerpsychischer Konflikte auf andere Individuen, Personengruppen oder Objekte sind rein menschliche Eigenschaften. Die eigenen unbearbeiteten Schwierigkeiten werden Pferde ebenso wenig stellvertretend für uns lösen, wie sie unsere unerfüllten Wünsche kompensieren können. Wer projiziert, der verfolgt eigene Impulse in anderen und wird schnell enttäuscht werden.

Pferde machen dem Menschen das Leben niemals bewusst schwer oder sind gestresst, damit sie in Ruhe gelassen werden. Auch machen sie sich nicht absichtlich steif, um sich der Arbeit entziehen zu können. Vielmehr sorgen ihr ausgeprägtes Harmoniebedürfnis und ihr stetiges Bemühen zu gefallen für willige und entspannte Mitarbeit. Um sich in Sicherheit zu fühlen, brauchen Pferde naturgegeben klare und unmissverständliche Aufträge und Ansagen. Ähnlich wie sie sich in uneingeschränktem Vertrauen auf die Direktiven des Herdenchefs in freier Wildbahn verlassen, folgen sie auch dem Menschen, solange dieser widerspruchsfrei agiert. Mangelnder „Gehorsam" des Pferdes basiert meistens auf unklaren und ambivalenten Signalen des Menschen. Derartige Missverständnisse in der Kommunikation verunsichern Pferde zutiefst und sind geeignet langfristigen Stress und damit auch psychische Erkrankungen und Verhaltensauffälligkeiten auszulösen. Wir müssen also in aller Dringlichkeit fortwährend an unserer eigenen Kommunikation und Körpersprache arbeiten. Dieser Grundsatz darf auch für erfahrene Pferdekenner Gültigkeit haben, denn ausgelernt haben wir alle immer erst zum Schluss. In diesem Sinne ist gut beraten, wer die folgenden Worte des 87jährigen Michelangelo auch für sich selbst beherzigt:

„Ancora Imparo". (Ich lerne immer noch.)

Die Partnerschaft mit dem Pferd beschränkt sich nicht nur auf den Umgang und die Arbeit vom Boden aus. Wir können auch als Reiter beziehungsfähig sein, indem wir auf die Bewegungen unseres Pferdes eingehen und vertrauensvoll loslassen. Reiten ist eine anspruchsvolle psychomotorische Fähigkeit und keineswegs einfach und schnell erlernbar. Es gilt neben der Überwindung der eigenen Asymmetrie auch die Neuerlernung des Körperschemas zu vollziehen. Der Reiter muss lernen, sich auf die „ungeplanten" und scheinbar „spontanen" Bewegungen des Pferdes einzustellen. Er muss Kontrolle abgeben und sich im Loslassen üben. Ein bisweilen schwieriges Unterfangen, das nach und nach im Schutzraum der Reithalle einfach umsetzbar scheint, sich aber beispielsweise im Gelände schon erheblich problematischer gestaltet. Reiten verlangt – besonders zu Beginn – eine äußerst hohe Frustrationstoleranz, da Pferde, werden sie in ihrer Bewegungsfreiheit eingeschränkt, verständlicherweise sehr deutlich und temperamentvoll mit Gegenwehr antworten können. Das Loslassen und Entspannen vonseiten des Reiters fällt dann außerordentlich schwer.

Um aus diesem Hilflosigkeitszustand finanziellen Nutzen ziehen zu können, ist der Markt voll von allen erdenklichen Maßnahmen (z. B. Hilfszügeln, Sperrriemen oder schmerzhaften Gebissen), die geeignet sein sollen, Abhilfe zu schaffen. Der Weg zu einem gelösten Pferd und einem zufriedenen Reiter ist aber nur durch die Arbeit an der eigenen Psychomotorik zu erreichen. Wir müssen – unabhängig von unseren reiterlichen Fähigkeiten und entsprechenden Turnriererfolgen oder Auszeichnungen – immer an einem ausbalancierten Sitz arbeiten. Auf der Suche nach der harmonischen und vertrauensvollen Beziehung zum Pferd geht zu leichtfertig der Blick für die eigene Verantwortlichkeit dem Tier gegenüber verloren.

Sowohl im Sport- als auch im Freizeitbereich müssen wir immer gewillt sein, mit unserem Pferd in einen Dialog zu treten. Anzeichen aufkommender Irritationen bis hin zu Verspannungen oder Schmerzen müssen wir imstande sein zu erkennen, um angemessen darauf zu antworten. Das Pferd dankt uns das Wegfallen von Zwängen und Störungen im Bewegungsfluss direkt durch seine positiven Reaktionen. Da Pferde insgesamt deutlich unkomplizierter und weniger nachtragend sind als Menschen, stellt sich sofort Entspannung und Gelöstheit ein.

Zwiegespräche erleben Pferde als wertschätzend und motivierend. Lassen wir uns physisch und psychisch vertrauensvoll auf dieses Geschehen ein, verbessert sich unweigerlich unser Sitz bzw. das Reitgefühl. Auf diese Weise kann sich unser Pferd unbelastet in einer angenehmen Körperhaltung bewegen und das Zusammensein mit dem Menschen sichtlich genießen.

„Pferde:
Einem jeden, der sie reitet, naht sein Glücksstern sich im Raum.
Leid verweht, das Leben gleitet leicht dahin – ein schöner Traum. "
(Páll Ólafsson)

Hannah (11) & Slack League, QH-Wallach (9)
©Ekkehard Wittelsbuerger

Wie das natürliche Wohlbefinden des Pferdes zu erreichen und auf-
rechtzuerhalten ist, sollte für jeden Reiter – unabhängig von Reitweise, Leistungsklasse und Ausbildungsgrad – von hohem Interesse
sein. Unser Pferd läuft dann ausbalanciert und stressfrei, wenn es
seinen Hals frei trägt und es sich von sich aus aktiv anlehnt. Während sich die Nase vor der Senkrechten befindet, sind Ganaschen und
Kiefer gelöst und entkrampft. Auch sollten wir stetig die Atmung,
die Schweißproduktion, die Körpersprache und die Harmonie in der
Bewegung beobachten, um auf die Befindlichkeit unseres Pferdes
unter dem Reiter rückschließen zu können. Besonders das Schlagen
mit dem Schweif, die Mimik und das Muskelspiel des Pferdes sind
deutliche Anzeichen, die Aufschluss über dessen seelischen und
körperlichen Zustand geben. Nur ein Pferd, das sich im Gleichgewicht befindet und sich mit einer vertrauensvollen Anlehnung sowie
einem losgelassenen Rücken bewegt, kann das Reitergewicht
schmerzfrei tragen.

Den Scharfsinn für diese Kennzeichen und Kriterien zu entwickeln
und auszubilden nimmt etwas Zeit und Mühe in Anspruch. Erfahrungsgemäß sind eigene Videoaufnahmen in der heimatlichen Reithalle beim regulären Training eine große Hilfe, um Probleme wahrzunehmen. Das gewohnte Reitgefühl weicht einem objektiven Blick
auf sich selbst bzw. auf sein Pferd und ermöglicht etwaige Verspannungen und Gangprobleme erstmals wahrzunehmen.

Obgleich Pferde als Beutetiere ungeeignet scheinen, den Reiter als
„Raubtier" auf ihrem Rücken zu erdulden, zeigen sie aufgrund ihres
gütigen Wesens eine hohe Bereitschaft mitzuarbeiten. Der motori-
sche Lerneifer und das erstaunliche Problemlöseverhalten befähigen
sie zu bemerkenswerten Anpassungsleistungen. Wer einmal junge
Pferde auf gewissenhafte und verantwortungsbewusste Weise ange-
ritten hat, weiß, wie selbstverständlich sie lernen und sich angleichen
wollen.

Achten wir also auf die „Wohlfühlhaltung" unseres Pferdes und bringen ihm und seinem Wesen Respekt und Achtung entgegen, werden wir im Gegenzug mit unvergleichlichem Vertrauen belohnt. Für den Aufbau einer auf gegenseitiger Verlässlichkeit basierenden Partnerschaft sind hauptsächlich die Faktoren Ruhe, Gelassenheit, Empathie und Geduld maßgebend.

Trotz der Tatsache, dass für die meisten Menschen Zeit ein knappes Gut ist, sollten wir zur Beziehungsstärkung frei von jedem Anspruch viel Zeit mit unserem Pferd verbringen. Da Pferde sich bedingt durch ihr Herdenverhalten mit allen Individuen in ihrer unmittelbaren Umgebung verbunden fühlen wollen, erleben sie das Zusammensein mit dem Menschen als natürlich und bindungsstärkend. Wer einen Teil der gemeinsamen Zeit in die Beziehungspflege zu seinem Pferd investiert, ohne Großartiges erreichen zu wollen, wird auch beim Reiten ein besseres Verhältnis verspüren.

Wir können uns beispielsweise entspannt mit auf die Wiese setzen und das gemeinschaftliche Zusammensein genießen. Etwas entfernt vom Pferd (bzw. der Herde) können wir auch ein Buch lesen oder einen Brief schreiben. Unser Pferd dankt es uns, legen wir ihm etwas Heu oder Möhren zum Knabbern in den Auslauf. Darüber hinaus sind es meist die „einfachen" und monotonen Tätigkeiten, die uns Menschen ein Gefühl von innerer Zufriedenheit erleben lassen. Vom stressigen Alltag, in dem wir ständig funktionieren müssen und häufig auch weisungsgebunden sind, empfiehlt es sich, mal abzuschalten und bescheidene ländliche Aufgaben zum „Seelenheil" zu erledigen. Hierzu gehören zum Beispiel die Sattelpflege oder das Aufsammeln der Pferdeäpfel und das Entfernen von Wildkräutern. Alle diese Tätigkeiten können wir im Beisein unseres Pferdes erledigen und gleichzeitig innere Erholung erfahren, die uns unser Pferd freudig spiegeln wird.

Miteinander zu wandern stellt für Pferde die natürlichste Art des Zusammenseins dar. Gemeinsame Spaziergänge haben auf alle Beteiligten eine beruhigende und befreiende Wirkung. Wir können unserem Pferd dabei ruhig das Fressen erlauben und es die Gegend absuchen und erkunden lassen. Bei aller Gelassenheit sollten wir bei den vereinten Streifzügen aber auch unsere Wünsche verdeutlichen. Hierzu können wir unser Pferd in unbestimmten Abständen zum Anhalten, Stehenbleiben und zum Weiterzugehen auffordern. Mit jungen, fremden, verkehrsunsicheren oder unerzogenen Pferden sollten wir anfangs nur über den Hof oder eine angrenzende Wiese wandern. Bei späteren längeren Spaziergängen außerhalb der sicheren Stallmauern sollten wir zunächst von einem erfahrenen älteren Pferd und einem weiteren Menschen begleitet werden. Für ein respektvolles Miteinander ist es bedeutsam, dass wir lernen, den Raum, den unser Pferd zum Wohlfühlen benötigt, zu erfühlen und achtsam mit dieser Individualgrenze umzugehen.

Jede Form des Miteinanders hat das Ziel, die Partnerschaft zu stärken, das Vertrauen zu vertiefen und Freude zu bringen. Sogar Erziehungsarbeit muss nicht zwangsläufig bei einzelnen Problemen oder Schwierigkeiten ansetzen. Die Arbeit mit dem Pferd muss nicht einen ständigen ernsthaften „Unterton" aufweisen. Jegliche Spielereien wie beispielsweise Apportieren oder Verbeugen usw. beleben den Arbeitsalltag und bringen neue Sichtweisen in einseitige Abfolgen. Koordination, Körperkontrolle und Gleichgewichtsempfinden werden überdies durch kleine abwechslungsreiche Übungen bei Pferd und Mensch trainiert. Lernerfolge sind zudem bei spielerischen und weniger auf Leistung konzentrierten Übungen viel wahrscheinlicher und auch nachhaltiger. Diese Effizienz erklärt sich durch die Entspanntheit des Menschen, die sich direkt auf das Tier überträgt. Spiel erinnert an unbeschwerte Zeiten in der Kindheit und lässt uns insgesamt harmonischer und entkrampfter im Umgang mit Aufgaben werden. Dadurch werden unsere Beobachtungsgabe und unser Belohnungstiming deutlich besser und ehrlicher. Pferde spüren das sofort. Selbst einige professionelle und erfolgreiche Turnierreiter gönnen sich, ihrer Familie und ihren Pferden immer wieder Ruhe- und Erholungszeiten.

Shine Chic Shine & Shawn Flarida (rechts)
(NRBC Open champion) & (4 Million Dollar Rider, NRHA Hall of Fame)
Wittle Man Whizard & Sam Flarida (links)
©Michele Flarida

Sie wissen um Kraft und Einfluss der Beziehungsarbeit und um die Bedeutsamkeit der Entspannung mit ihren Pferden. Trotz hoher (sportlicher) Ziele verlieren sie nicht die Freude an gemeinsamen Beschäftigungen und sind bereit, zum Ausgleich von der Arbeit kreative Lösungen zu finden.

Doc Chants DJ, Quarter Horse (19) & Ann
©Ann Assmann

„Wo in der weiten Welt ist Adel ohne Hochmut?
Wo die Freundschaft ohne Missgunst?
Wo die Schönheit ohne Eitelkeit?

Hier, wo Anmut sich paart mit der Kraft und
die Stärke gebändigt wird durch Sanftmut."

(aus „Das Königreich des Pferdes")

Gentle Invitation, Quarter Horse-Stute (9) & Ruth Schonauer
©Roberto Robaldo & www.buy-a-picture.de

Zukunft Schaunitz XIV (Purzelchen oder Hasi), Noriker-Wallach (10)
& Roberto Robaldo
©Maike Thorun & www.buy-a-picture.de

Literatur und Wissenswertes

„Die Bildung kommt nicht vom Lesen, sondern vom Nachdenken über das Gelesene." (Carl Hilty)

Adler, A. (1995): Menschenkenntnis. Hirzel, Leipzig.

Aguilar, A. (2004): Wie Pferde lernen wollen. Bodenarbeit, Erziehung und Reiten. Franckh-Kosmos, Stuttgart.

Bachmann, I, Stauffacher, M. (2002): Prevalence of behavioural disorders in the Swiss horse population. SAT, Schweizer Archiv für Tierheilkunde, 144, 7, 356-368.

Bandura, A. (1979): Eine sozial-lerntheoretische Analyse. Klett-Cotta, Stuttgart.

Bem, D. J. (1979): Theorie der Selbstwahrnehmung. In: S. H. Filipp (Hrsg.), Selbstkonzept-Forschung. Probleme, Befunde, Perspektiven, 97-127, Klett-Cotta, Stuttgart.

Bender, I. (2004): Praxishandbuch Pferdehaltung. Franckh-Kosmos, Stuttgart.

Berger, J. (1988): Social systems, recources, an phylogenetic inertia: An experimental test and its limitations.The ecology of social behavior, 157-186.

Binder, S. L. (1994): Umgang mit Pferden. Eine praktische Verhaltenskunde. Ulmer, Stuttgart.

BMVEL (2009): Leitlinien zur Beurteilung von Pferdehaltung unter Tierschutzgesichtspunkten (09.06.2009). Bundesministerium für Ernährung, Landwirtschaft und Verbraucherschutz, Bonn.

Bruns, U. (1989): Muss die Box ein Gefängnis sein? In: Pferdehaltung in Gruppen. FN-Verlag, Warendorf, 25-27.

Clutten-Brock, T. H., Greenwood, P. J., Powell, R. P. (1976): Ranks and Relationships in Highland Ponies and Highland Cows. Z. Tierpsych., 41, 202-216.

Cooper, J., McDonald, L., Mills, D. (2000): The effect of increasing visual horizons on stereotypic weaving: Implications for the social housing of stabled horses. Appl. Anim. Behav. Sci. 69, 67-83.

Crowell-Davis, S. L., Houpt, K. A., Burnham, J. S. (1985): Snapping by foals of Equus caballus. Z. Tierpsychol. 69, 42-54.

Diacont, K. (1995): Westernreiten. In: P. Thein (Hrsg.): Handbuch Pferd. BVL, München, 497-529.

Diacont, K. (2002): Bodenarbeit mit Pferden. BLV, München.

Dorrance, B., Desmond, L. (2007): True Horsemanship Through Feel. Lyons Pr.

Dresel, B., Gohl, C. (1995): Das schwierige Pferd. Franckh-Kosmos, Stuttgart.

Drewes, K., Blobel, K. (2000): Kopper, Weber & Co. Philippe, Trangstedt, Hamburg.

Duncan, P. (1992): Horses and Grasses. The Nutritional Ecology of Equids and their Impact on the Camaargue. Springer, New York.

Edelmann, W (2000): Lernpsychologie. Psychologie Verlags Union, Weinheim.

Francis, R. C. (1988): On the Relationship between Aggression and Social Dominance. Ethology 78, 223-237.

Franck, D. (1985): Verhaltensbiologie. Einführung in die Ethologie. Thieme, Stuttgart.

Goldschmidt-Rothschild, B. von, Glatthaar, A, (1978): Soziale Organisation und Verhalten einer Jungtierherde beim Camargue-Pferd. Z. Tierpsychol., 46, 372-400.

Gugelberg, H., Bähler, C. (1994): Alles über Maultiere. Müller-Rüschlikon, Cham.

Hackl, B. (2012): Basistraining für Pferde. Richtig ausbilden, Problemen vorbeugen. BLV, München.

Heffner, H. E., Heffner, R. S. (1983): The hearing ability of horses. Equine Pract. 5, 27-32.

Hinde, R. A. (1973): Das Verhalten der Tiere. Suhrkamp, Frankfurt.

Houpt, K. A., Keiper, R. (1982): The position of the stallion in the equine dominance hierarchy of feral and doestic ponies. J. Anim. Sci., 54, 945-950.

Hunt, R. (2011): Harmonie mit Pferden: Eine tiefgreifende Studie des Verhältnisses von Pferd und Mensch. Kierdorf, Köln.

Hurrelmann, K. (2006): Einführung in die Sozialisationstheorie. Beltz, Weinheim, Basel.

Kiley-Worthington, M. (1993): Pferdepsyche - Pferdeverhalten. Grundlagen für Reiter, Halter und Trainer. Müller Rüschlikon, Cham.

Klingel, H. (1972): Das Verhalten der Pferde (Equidae). Handbuch der Zoologie, VIII, 10 (24) 1-68.

Kreuer, S. (2012): Auf der Suche nach dem Selbst. Identitätsfindung als lebenslange Aufgabe. Ibidem, Stuttgart.

Kusunose, R., Yamanobe, A. (2002): The effect of training schedule on learnde tasks in yearling horses. Appl. Anim. Behav. Sci., 78, 2/4, 225-233.

Lansade, L., Bertrand, M., Boivin, X., Bouissou, M. Feffects of handling at weaning on managebility and reactivity of foals. Appl. Anim. Sci., 87, 1/2, 131-149.

Lebelt, D. (1998): Problemverhalten beim Pferd. Ferdinand Enke, Stuttgart.

Lebelt, D. (2003): Fragen und Antworten zur Lektion: Verhaltensprobleme und deren Therapie beim Pferd. Akademie für Tiernaturheilkunde (ATM), Bad Bramstedt.

Loeffler, K. (1991): Anatomie und Physiologie der Haustiere. UTB, Ulmer, Stuttgart.

Madigan, J. (1998): Characterisation of headshaking syndrome - 31 cases. Equine Vert. J. Suppl. 27, 28-30.

Marsden, D. (1995): An investigation of the heredity of susceptibility of stereotypic behavior pattern - stable vices - in the horse. Equine Vet. J. 27, 6, 415.

McCall, C. A., Salters, M. A., Simpson, S. M. (1993): Relationship between numbers of conditioning trials per training sessions and avoidance learning in horses. Appl. Anim. Behav. Sc. 36, 4, 291-299.

Meier, R. (1999): Reiten und Trainieren von Galopprennpferden. Reti-Verlag, Düsseldorf.

Mendl, M. (1999): Performing under pressure: stress and cognitive function. Appl. Anim. Behav. Sc. 65, 221-244.

Meyer, H. (1995): Pferdefütterung. Blackwell Wissenschafts-Verlag, Berlin.

Miller, R. M. (1991): Imprint Training of the Newborn Foal. Western Horseman.

Mills, D., Nankervis, K. (2004): Pferdeverhalten erklärt. Mit neusten wissenschaftlichen Erkenntnisse für die Praxis. Müller-Rüschlikon, Cham.

Nicol, C. J. (2002): Equine learning: progress and suggestions for future research. Appl. Anim. Behav. Sc. 78, 193-208.

Nobis, G. (1984): Die Geschichte des Pferdes - seine Evolution und Domestikation. In: P. Thein (Hrsg.): Handbuch Pferd. BLV, München, 9-24.

Oerter, R., Montada, L. (Hrsg.) (2002): Entwicklungspsychologie. Psychologie Verlags Union, Weinheim.

Pfister, J. A., Stegelmeier, B. L., Cheney, C. D., Ralphs, M. H., Gardner, D. R. (2002): Conditioning taste aversions to locoweed (Oxytropis sericea) in horses. J. Anim. Sci. 2002, 80, 1, 79-83.

Pfister, J. A., Stegelmeier, B. L., Cheney, C. D., Ralphs, M. H., Gardner, D. R. (2007): Effect of previous locoweed (Astragalus and Oxytropic species) intoxication on conditioned taste aversions in horses and cheep. J. Anim. Sci., 2007, 85, 1836-1841.

Porzig, E., Sambraus, H. H. (1991): Nahrungsaufnahmeverhalten landwirtschaftlicher Nutztiere. Deutscher Landwirtschaftsverlag, Berlin.

Rashid, M. (2012): ...denn Pferde lügen nicht. Neue Wege zu einer vertrauten Mensch-Pferd-Beziehung. Franckh-Kosmos, Stuttgart.

Rees, L. (1986): Das Wesen des Pferdes. Persönlichkeit, Entwicklung, Verhalten. Albert Müller Verlag, Rüschlikon-Zürich.

Schäfer, M. (1987): Das Jahr des Pferdes. Kynos, Mürlenbach.

Schäfer, M. (1993): Die Sprache des Pferdes. Franckh-Kosmos, Stuttgart.

Schönig, B. (2000): Clicker Training für Pferde. Franckh-Kosmos, Stuttgart.

Schramm, U. (1983): Das verrittene Pferd. Ursachen und Wege der Korrektur. BLV, München.

Schulz von Thun, F. (1981). Miteinander reden: Störungen und Klärungen. Psychologie der zwischenmenschlichen Kommunikation. Rowohlt, Reinbek.

Seligman, M. E. P. (1975). Helplessness. On Depression, Development and Death. Freeman and Comp, San Francisco.

Spitz, R. (1976). Vom Säugling zum Kleinkind. Naturgeschichte der Mutter- Kind- Beziehung im ersten Lebensjahr. Klett-Cotta, Stuttgart.

Stachurska, A., Pita, M., Nesteruk, E. (2002): Which obstacles are most problematic for jumping horses? Appl. Anim. Behav. Sci., 77 (3), 197-207.

Stackelberg, H. Frhr. von (1983): Reiten, Ausbilden, Richten, Praxisbezogene Leitlinien für "Pferdeleute". Verlag Paul Parey, Berlin, Hamburg.

Tellington-Jones, L., Taylor, S. (1995): Die Persönlichkeit Ihres Pferdes. Franckh-Kosmos, Stuttgart.

Timney, B., Macuda, T. (2001): Vision and hearing in horses. Journal of the American Veterinanry Medical Association, 218, 1567-1574.

Tschanz, B., Kämmer, P. (1981): Sozialverhalten beim Camarguepferd - Fortpflanzungsverhalten in natürlichen und künstlichen Herden. In: Dtsche Reiterl. Vereinig., Zeeb, K. (Hrsg.): Aktuelle Aspekte der Ethologie in der Pferdehaltung.

Visser, E. K., Reenen, C. G. van, Schilder, M. B. H., Barneverld, A., Blokhuis, H. J. (2003): Learning performance in young horses using two different learing tests. Appl. Anim. Behav. Sci. 80, 311-326.

Waring, G. H. (1983): Horse behavior. Noyes Publications, Park Ridge, New Yersey.

Watzlawick, P., Beavin, J. H., Jackson, D. D. (1996). Menschliche Kommunikation. Formen, Störungen, Paradoxien. Verlag Hans Huber, Bern.

Wechsler, B. (1989): Verhaltensstörungen als Indikator einer Überforderung der evoluierten Verhaltenssteuerung. Aktuelle Arbeiten zur artgemäßen Tierhaltung 1989, KTBL, Darmstadt.

Wickert, M., Zeeb, K. (2002): Zur Funktion des Leerkauens bei Equus przewalskii f. caballus. In: Aktuelle Arbeiten zur artgemäßen Tierhaltung 1989, KTBL, Darmstadt, KTBL-Schrift 418, 94-101.

Wolski, T. R., Houpt, K. A.,Aronson, R. (1980): The role of sense in mare-foal recognition. Appl. Anim. Ethol. 6, 121-138.

Zeeb, K. (1959): Die "Unterlegenheitsgebärde" des noch nicht ausgewachsenen Pferdes (Equus caballus). Z. Tierpsychol. 16, 489-496.

Zeeb, K. (1984): Bedarfsdeckung und Schadensvermeidung bei Pferden in Zusammenhang mit Fütterung, Lokomotion, Sozialverhalten und Feindvermeidung. Prakt. Tierarzt, 65, 432-436.

Zeitler-Feicht, M. (2001): Handbuch Pferdeverhalten. Eugen Ulmer, Stuttgart.

Zeitler-Feicht, M., Buschmann, S. (2004): Verhaltensstörungen von Pferden in Ständerhaltung. Tierärztl. Prax. 32, 73-169.

Ziers, J., Wintzer, H. (1996): Über den akuten Schmerz beim Pferd und eine Möglichkeit seiner objektiven Bestimmung. Tierärztl. Prax. 24, 109-112.

Zimbardo, P. G. (1983): Psychologie. Springer, Berlin, Heidelberg.

ibidem
Verlag

Susanne Kreuer

Auf der Suche nach dem Selbst

Identitätsfindung als lebenslange Aufgabe

ISBN 978-3-8382-0395-9
164 Seiten, Paperback. € 19,90

Wer war ich in der Vergangenheit, wer bin ich heute, und wer möchte ich zukünftig sein? Wir definieren uns jeden Tag – durch die Wahl unserer Kleidung, unseres Berufes, unserer Freunde und durch unsere Entscheidungen. Eine bewusste Reflexion der eigenen Identität nehmen wir aber kaum vor. Dabei ist die Frage nach dem eigenen Ich eine uns alle betreffende existenzielle Frage nach dem Menschsein innerhalb unserer Lebensspanne. Was braucht gelingende Ich-Entwicklung in der Kindheit, Jugend und im Erwachsenenalter? Wie schützen wir unsere Identität, und warum gelingt es manchen Menschen, an Krisen zu wachsen, während andere daran zerbrechen?

Susanne Kreuer erklärt wissenschaftliche Hintergründe und Ansätze, wie wir uns persönlich entwickeln, handeln und miteinander sprechenkönnen, um unser Selbst zu finden und Kontinuität – trotz sich ständig verändernden Lebenssituationen – erreichen und erhalten können.

Kreuers Buch macht Lust auf und vermittelt Wissen über Entwicklungspsychologie und gibt zudem Anlass, sich selbst (wieder) zu entdecken und seine Identität zu hinterfragen. Es ist für jeden Leser ein Gewinn, der sich, unabhängig von seinem Wissensstand, für die Lehre über die Seele und die Wissenschaft des Seins interessiert.

Bestellen Sie per Fax: 0511 26 222 01 | telefonisch: 0511 26 222 00 | online: www.ibidem-verlag.de
in Ihrer Buchhandlung

Coaching für Führungskräfte

„Das Pferd als Spiegel der Kommunikation"

für:
- Top-Management
- Verkaufsspezialisten
- Personalmanager
- Teamleiter

Wir bieten an:

Führungskräfte-Training ✓
Management-Assessment ✓
Verkaufstraining ✓
Persönlichkeitsentwicklung ✓

business meets horses
Karsten Birnbaum
Otto-Wanner-Straße 17
86836 Klosterlechfeld
Tel. +49 8232 5034303
info@business-meets-horses.eu
www.business-meets-horses.eu

business
meets
horses

ibidem-Verlag

Melchiorstr. 15

D-70439 Stuttgart

info@ibidem-verlag.de

www.ibidem-verlag.de
www.ibidem.eu
www.edition-noema.de
www.autorenbetreuung.de